建筑桃花源

汉宝德　著

生活·讀書·新知　三联书店

图书在版编目（CIP）数据

建筑桃花源／汉宝德著．—北京：生活·读书·新知三联书店，2016.9（2023.10 重印）
（汉宝德作品系列）
ISBN 978-7-108-05720-4

Ⅰ．①建… Ⅱ．①汉… Ⅲ．①古建筑－建筑艺术－中国
Ⅳ．①TU-092.2

中国版本图书馆 CIP 数据核字（2016）第 118346 号

责任编辑　张静芳
装帧设计　薛　宇
责任校对　常高峰
责任印制　董　欢
出版发行　生活·讀書·新知 三联书店
（北京市东城区美术馆东街 22 号 100010）
网　　址　www.sdxjpc.com
经　　销　新华书店
印　　刷　北京隆昌伟业印刷有限公司
版　　次　2016 年 9 月北京第 1 版
2023 年 10 月北京第 2 次印刷
开　　本　880 毫米×1230 毫米　1/32　印张 6
字　　数　137 千字
印　　数　10,001－13,000 册
定　　价　38.00 元
（印装查询：01064002715；邮购查询：01084010542）

三联版序

很高兴北京的三联书店决定要出版我的“作品系列”。按照编辑的计划，这个系列共包括了我过去四十多年间出版的十二本书。由于大陆的读者对我没有多少认识，所以她希望我在卷首写几句话，交代一些基本的资料。

我是一个喜欢写文章的建筑专业者与建筑学教授。说明事理与传播观念是我的兴趣所在，但文章不是我的专业。在过去半个世纪间，我以各种方式发表观点，有专书，也有报章、杂志的专栏，副刊的专题；出版了不少书，可是自己也弄不清楚有多少本。在大陆出版的简体版，有些我连封面都没有看到，也没有十分介意。今天忽然有著名的出版社提出成套的出版计划，使我反省过去，未免太没有介意自己的写作了。

我虽称不上文人，却是关心社会的文化人，我的写作就是说明我对建筑及文化上的个人观点；而在这方面，我是很自豪的。因为在问题的思考上，我不会人云亦云，如果没有自己的观点，通常我不会落笔。

此次所选的十二本书，可以分为三类。前面的三本，属于学术性的著作，大抵都是读古人书得到的一些启发，再整理成篇，希望得到学术界的承认的。中间的六本属于传播性的著作，对象是关心建筑的一般知识分子与社会大众。我的写作生涯，大部分时间投入这一类著作中，在这里选出的是比较接近建筑专业的部分。最后的三本，除一本自传外，分别选了我自公职退休前后的两大兴趣所投注的文集。在退休前，我的休闲生活是古文物的品赏与收藏，退休后，则专注于国民美感素养的培育。这两类都出版了若干本专书。此处所选为其中较落实于生活的选集，有相当的代表性。不用说，这一类的读者是与建筑专业全无相关的。

这三类著作可以说明我一生努力的三个阶段。开始时是自学术的研究中掌握建筑与文化的关系；第二步是希望打破建筑专业的象牙塔，使建筑家为大众服务；第三步是希望提高一般民众的美感素养，使建筑专业者的价值观与社会大众的文化品味相契合。

感谢张静芳小姐的大力推动，解决了种种难题。希望这套书可以顺利出版，为大陆聪明的读者们所接受。

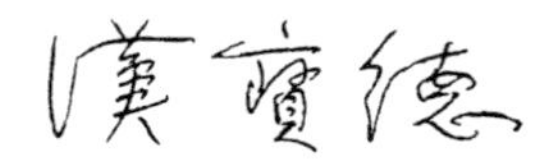

2013 年 4 月

目　录

重刊序

自我开始研究风水，至今已经三十五年了，写这两篇文章也已近三十年。世界经历了瞬息万变的一个世代，人类的文明进入高科技主导的世纪，风水这样古老的观念，还有流传的价值吗?

当我为风水所困惑的时候，仍在理性主导的现代主义的时代。我以科学的精神、系统的分析去了解风水，自以为掌握了风水的要义，但很坦白地说，我并不相信风水中的吉凶之断，而把它当成传统文化中的思想习惯与行为模式。可是过去的三十年，世人已经自理性世纪进入感性世纪，对于超自然的现象开始发生高度的兴趣。同时，西方的科学已经放低傲慢的姿态，不再视科学落后的文化为迷信。相反的，有些西方人开始相信风水，视为一种古老的智慧，与中医的针灸一样。

九年前，我为了纪念先妻辞世，出版了这本书。由联经代印、代售，却是以萧中行基金会的名义出版的。印书不多，几年后就卖完了。这本书是当时出版的三个小册子中，比较受读者欢迎的一本。由于是旧作，我并没有意思再版。几年前，与大陆出版界熟悉的朋友介绍，天津古籍出版社出了简体字版。为了使读者容易了解，甚至应用，由吴晓敏先生添了很多图、表。两岸之间虽不难沟通，但我不知道这本书的简体版是否受大陆的读者欢迎。

几个月前，接到大块文化出版公司陈小姐的信，表示看到了台湾的繁体字版，知道久未再版，他们有兴趣重刊。这样一本老书，能在台湾重刊问世当然是求之不得的。我也知道台湾的年轻学者研究风水者有之，但多小题大做，向学术上深究，采取环境架构观的研究不多，所以这本书对于那些对中国传统环境观有兴趣的朋友还是有些价值的。

大块文化旗下小异出版决定按照繁体字版重刊，也就是未采用吴先生的图表。对于了解文字的内容，那些图表并无必要，我很高兴使它回到本来的面目。

汉宝德

2005 年冬于世界宗教博物馆

前 序

1968 年，我回台担任东海大学建筑系的系主任，同时开始设计几座小型的建筑，主要是住宅。这些住宅的业主是家岳父的朋友，我以哈佛毕业生的身份设计小住宅，自觉是牛刀小试。但是却使我感觉到要用西方建筑的学理，或创造性形式来打动他们，实在是太困难了。他们是成功的官员或商人，有自己的一套看法，要他们尊重建筑或建筑师都太无可能了。

这是我开始了解建筑是一种文化现象的时候。我开始感到，如果建筑是一种艺术，也属于通俗的艺术。

就在那几年，我为一位长辈所建的住宅，被他的朋友指为风水不佳。这是非常尴尬的情形。家岳父为了解决这个问题，特别请了风水先生去化解。最后虽然勉强通过，对我的影响却是持久的。我知道只了解建筑是文化现象还不够，还要明确地知道这些文化现象的具体内容。我决心下一点功夫去研究风水。

为了请风水先生现身说法，我申请了东海大学的研究费，就在授课、系务行政与建筑业务的繁忙生活中，分出些时间进行对风水的研究，读了些古书，我对所谓风水有了初步的认识。东海的研究费花完了，但文章却没有缴卷，直到离开东海，研究的成果才消化，这时候台大城乡所出学报，我就把初步的成果交他们发表。这就是《中国人的环境观念架构》这篇文章的来源。

发表了这篇文章后，我就把研究风水的方向转到更具体的风水禁忌方面。我觉得风水成为中国通俗文化的一部分，主要在禁忌怎么流传、演变，可能代表些什么意思，都是我所关心的课题。

研究禁忌恰巧是对古代风水书上图解的研究。这要花很多时间，不但要读通，还要用现代的图样表现出来。就由路芃小姐负责把我的草图画为正式的图样，并加以整理。这些图样选自几本具有代表性的重要的风水著作。写完后，依然交台大城乡所学报发表。

转眼间这两篇文章出版已有十多年了。回顾十几年前在我研究风水的这段时期，也就是博物馆生涯之前的我生命中最感惶惑的时期。此时先室萧中行女士为了孩子的教育在美国居住数年，是我看到她一生中眼泪最多的阶段。今天结集出版，使我回忆她每次与我离别时的伤感，在机场留我到最后一分钟的情景。

两篇文章虽已出版了十几年，风水的研究似乎仍在发轫的阶段，对后来的研究者仍有参考价值。希望这个小册子的呈现可以使我写出许久以来就打算出版的第三篇。

汉宝德

1996年秋于台南官田

第一章

中国人的环境观念架构

一　前言

我国自现代教育制度实施以来，风水[①] 就被认定为一种迷信，一种进步的障碍，因此不被视为可以传授的知识。受现代教育的青年，包括建筑师在内，对风水一无所知是很当然的。所以风水是现代化过程中被牺牲的我国传统观念的一部分。

我对风水发生兴趣是基于两个理由。1968 年，我为一位长辈设计一座私宅，落成后，受到风水问题的困扰。开始时觉得只是一个笑话，后来发展的情形使我了解这是深植年长的高级知识分子内心的强固的观念。在开始执行业务的初期，曾以不同的方式遇到业主对风水条件的要求，使我肯定了一个事实：风水仍然是活在我们民间的“信仰”。官方虽然认定其为迷信，官员们私下也是相信的。因此使我觉得，作为一个中国的建筑师而不了解风水，不仅不够资格，而且不免困扰。

---

① 风水，或称堪舆，或称地理。“堪舆”之名称较古，初见于《汉书·艺文志》，《辞源》中引数家之解释，许慎以堪为天道，舆为地道，最为后世接受。故乃“仰视天象，俯察地理”的总称。“地理”一词因“相地”术以地为对象之故，据张谦说来自唐吕才。“风水”则因《葬书》中“乘风则散，界水则止”一语而来，仍以相地为主，但金代张谦所注之《地理新书》卷一中，则定义为“出处为水，入处为风”，与《葬书》所传不同。此处用“风水”一语，乃因此词通行我国已数百年，且具有现代环境的观念，较古语“堪舆”更能传达相地术之精神。

我开始有了研究风水的动机。

对于中国人的环境观念，我有很浓厚的兴趣。1970 年左右，我对这个问题已有大体的轮廓。[①]风水既然是活在现代中国社会中的一种观念，就是不得不弄明白的一门学问。自古以来，风水是构成我们民族思想形态的一部分，在国人传统行为模式与生活观念里占有重要地位。自民族文化学的观点，这已经不是迷信的问题，是我们文化中不可分割的一部分。

我对台湾传统建筑的研究也不时遇到风水上的问题。风水通常用来解释很多不能了解的做法，我发现不但不能帮助了解古老的建筑，而且是一种搪塞的借口。对于一个认真的研究者，不了解风水是很严重的知性障碍，几乎与研究英国文学不能通英文一样。

实际上我能够进行这一研究，乃因东海大学在纽约的联合董事会的协助。说起来这就是拜美国人的“中国热”所赐。在当时国际人士对中国文化及其成就甚为惊讶。针灸疗术的成功使外国人对中国一切神秘古老的异术都感到兴趣，而认为有研究的必要。李约瑟的大部头《中国之科学与文明》（*Science and Civilization in China*）也大约出齐了。在这种氛围下，基督教的组织出钱资助异教迷信的研究就可以解释了。实际上，在国外的中国学者有不少对风水的研究感兴趣，只是因为时、空的限制无法进行而已。[②]

何以风水对中国建筑传统的研究有不可缺少的重要性呢？因为自

---

① 曾于台湾中原理工学院建筑系作过一次演讲。该演讲稿未经修饰刊于该校《中原青年》，后来部分为《房屋与市场》所转载。

② 如地理学界的教授即常提到风水的原则，见《境与象》第五期译文。但系统性的研究必须长期与风水术师相处，故至今仍以民前外国传教士之记录为详尽。

明代以来，[1]风水实际上是中国的建筑原则，风水先生实际上是中国的建筑师。匠人们负责修造，是工程师与装修家，也要符合与星象有关的尺法寸法。[2]但与生活环境有关的重要的决定，却是风水先生负责安排的。如建筑的方位与朝向，开门安灶与定床位等，今天的建筑家认为功能的部分，都与风水有关。

诚然，中国人的建筑并非都是风水先生决定的，而今天的房子也不完全是建筑师设计的；可是或多或少，房子的主人总风闻一些风水的原则，即使他不懂，熟练的匠人大多可以提供一些免费的忠告。这种情形与今天的营造厂商或包工向业主以建筑家身份进言被接受是同样的。风水先生们互相指责、批评的情形，与今日建筑师相轻的现象亦大同小异。

但是今天研究风水，不能期望使之成为一套有用的学问。有用，是的，但只限于对民族文化、行为模式了解的一面，而不是职业性的一面。我们把它自紊乱的发展中找出一个系统，但很难找出它在这小系统之外，与科学、技术连上怎样的关系。

我们也许会期望自此一研究中得到一些环境计划或设计中合乎科学的原则，但自一套迷信或前科学的系统中找科学的原理，自不合逻

---

① 自明代以来，风水时见于士人之笔记，亦见于正史。大部分风水著作均为明代人讹托或整理。明末李闯为乱，崇祯帝命令前线将领挖掘其祖坟，李闯亦以破凤阳明室发源地为目标。

② 我们在修理古建筑时，常请教木工老师傅，知他们大多使用“紫白九星”等法，事实上木工亦多懂风水，以便为人修造。至今流通者有《鲁班寸白簿》与《绘图鲁班经》，皆由台湾瑞成书局翻版。前者为木匠使用之风水手册，故内容紊乱无组织。后者为经过整理之木工建筑手册，包括风水原则。金代出版的《校正地理新书》卷一，以营造定向、定本开始，与李诫之《营造法式》相同。又明末之《地理人子须知》卷七下，亦有定向之法，可大体说明风水与营造间之关系。

辑的推理过程中找合理的原则，是需要很多罗织与附会的。这是很时髦的想法，如同东京工业大学的清家清教授所写的《家相术》[1]，把风水上的一些说法归之于实证的观点，大多是附会的，禁不起严格的科学的考验。

当然，这不证明风水完全不可能有科学的基础，针灸到今天虽找不到科学的依据，其灵验是无可否认的。今天的科学家至少有不排拒的雅量，即古人所说，“知之为知之，不知为不知”，也许我们的科学仍未发展到可以了解针灸的程度。我们不能向针灸挑战，因此也很难向风水挑战。

但是自一个研究者的立场着眼，对于风水之类非理性的推论系统，也许可以容忍其不合科学原则，却必须自效验中求得证实。针灸已为大家所接受，即因对某些部位的治疗，有屡试不爽的效果。而在风水的研究上，最遗憾的是，找不到这种灵验的证据。

我们遇到的几位地理行家，及所读到的几十本风水书的作者，都是笃信风水的灵验性的，他们大都能自经验中建立信念。过去的著作者尤多表示曾遍走大江南北，覆验名坟。他们在理论与方法上虽各持一说，但却能言之凿凿。因为风水的效果不能立竿见影，信念是非常重要的。

就我个人所接触的风水师的说法，风水的效果只能以信念解释之。我听到很多风水灵验的例证，但若自严格的逻辑去衡量，大多只能视为附会。所以不论多严肃的风水师，总会予人某种江湖术士的味道。我所说乃基于信念者，因为笃信宗教者乃以同样态度对神意与预言的

① 清家清：《家相术》，陈启东译，台中新企业出版社 1973 年初版。

解释予以采信。

就我个人的了解，风水是一个很有用的观念，以了解我国人对环境的看法。我们自以为是爱好自然的民族，也被外人认为系爱好自然的民族；风水是我们对自然的看法。

二　我国士人对风水的态度

研究中国读书人对风水的态度是很有趣的。因为孔门的哲学不接受迷信，“子不语怪、力、乱、神”是儒者所持有的态度，也是中国古典的人文主义的基本精神。在这样的思想背景下，风水这种神秘的自然观是怎样流行起来，终于成为中国人思想的一部分的呢？

在《古今图书集成》中介绍了几篇古来读书人对风水观念的论辩，大体上反映了士人三种不同的态度，即反对派、赞同派与骑墙派。

先说说骑墙派。这一派人恐怕占有士人中的大多数，具有代表性的言论，可以晋嵇康的《难宅无吉凶摄生论》为例。[①]嵇康是当时的名士，为竹林七贤之首，思想很杂乱，儒、道、阴阳无所不包。骑墙派大多是持有怀疑论的，他们既不能相信吉凶可以宅相来决定，也不相信儒家用以劝世的“积善之家，必有余庆”的观念。他们实代表了标准士人的理性主义的精神，既不轻信，也不排除其可能性。

首先他们不十分相信命运。嵇康说：

---

① 嵇康在当时的自然主义者中最有现代读书人的矛盾心理。他与魏公主结婚，并非无意于仕进，而时值司马当权，心性乃趋消极。其生平与学说见容肇祖：《魏晋的自然主义》，商务人人文库，1980年6月台二版，页43。以下引文均为《古今图书集成》之《艺术典》中所载。

应曰："此为命有所定，寿有所在；祸不可以智逃，福不可以力致。英布畏痛，卒罹刀锯，亚夫忌馁，终有饿患。万物万事，凡所遭遇，无非相命。"然唐虞之世，命何同延？长平之卒，命何同短？此吾之所疑也。[①]

他们对于能否取信，认为要有证据才成。大多数的读书人自古以来就是实证主义者，嵇康是很典型的代表。

药之已病，其验又见，故君子信之。

宅之凶吉，其报赊遥，故君子疑之。[②]

可是他们只能"疑"，不能否定。因为否定一件不能证实为妄的事情，也不合乎一切取决于证据的原则。不能证实的只能"姑妄听之"，不置可否。因为他们知道在他们知识范围之外的事实在太多了。这一点，他们的态度远较西方的实证主义者合理，也就是基于这样的心理，中国的知识分子才具有包容性，吸纳了外来的宗教思想。嵇康把这种存疑的心理说得非常动人：

吾见沟浍，不疑江海之大；睹丘陵，则知有泰山之高也。若守药则弃宅，见交则非赊，是海人所以终身无山，山客曰无大鱼也。《论》曰：智之所知，未若所不知，不可妄论也。

---

① 嵇康：《难宅无吉凶摄生论》，载于台北鼎文版《古今图书集成·艺术典》，卷六八〇。

② 嵇康：《答释难宅无吉凶摄生论》。当时嵇康与友人对此问题显有所争辩，故另有一文答辩，二文均载《古今图书集成·艺术典》，卷六八〇。

吾怯于专断，进不敢定祸福于卜相，退不敢谓家无吉凶也。

正因为大多数的读书人持有这种态度，对于自阴阳五行家发展出来、流行于民间的堪舆术，虽不能说受到知识分子的欢迎，至少不会受到他们极力的排斥。而实际上大家都像嵇康一样，默默地接受了。即使是在思想上较嵇康更为纯粹的儒者，同样可以接受，因为孔子所交代的，对于怪、力、乱、神，只是不加理会、不予追究而已，并不必要反对。因此儒家思想本身就有兼容并蓄的精神。

那么为什么有些读书人会反对风水呢?

反对的立场有两类，第一类乃是理性主义的怀疑论者。他们不同于嵇康者，不过在态度上不愿保留而已。不愿保留的原因则着眼于迷信对于统治者有甚大的影响，使他们不务实、不爱民，在政治上避重就轻，并可借辞推脱责任。这些人以战国时代乱世的儒者为主，因为他们亲见古典卜筮被滥用，生民因而受涂炭的情况，不免对支持卜筮的正统儒家提出异议。最有力的一段文字是荀子写的，他说：

星坠木鸣，国人皆恐。曰，是何也?曰，无何也，是天地之变，阴阳之化，物之罕至者也。怪之可也，而畏之非也。夫日月之有蚀，风雨之不时，怪星之党见，是无世而不常有之。上明而政平，则是虽并世起，无伤也。上暗而政险，则是虽无一至者，无益也。[1]

① 《荀子·天论篇》，见叶衡选注：《荀子》，商务人人文库，1970年台一版，页78。

荀子在同章中提到治乱与天象毫无关系，因为天象变化在禹时与桀时同，足证其无关。[①]这是对正统派的演说家思想的一种反抗。同样的意见，亦见于非常理性，而带功利主义色彩的韩非子。韩非把“用时日，事鬼神，信卜筮，好祭祀”看作亡国之征。[②]

风水之术到了汉朝一定是相当发达了。所以东汉时的王充在其《论衡》中数次予以攻击。王充的这几段文字，不但使我们了解当时流行的程度，而且可自其中看到当时风水术的点滴。他们提出的几点都是有关阳宅的。

李约瑟数赞王充为一怀疑主义者，是汉代有科学头脑的人。[③]这样的一位思想家，对宅相术自然是不能容忍的。他所提出的诘难，并没有什么深刻的理论，也没有与政治连在一起，只是简单而直截了当的常识判断，与今天我们所提出的问题完全相同。

比如宅相中很重门之方向，他就会问为什么门特别重要，堂与厅竟不重要。又如五行中的南方火之说，他会问，火都自南方来吗？再如太岁不可相“冲”之说，他会说：“王者之位在土中也，东方之民张弓西射，人不谓之射王者……”[④]

这类问题看上去很简单，用简单的常识去推翻一套迷信的系统，是很不容易的，只要看明清以来的士人如何被牢牢地套在这系统之内，就可知道观念上的枷锁是多严重的思想障碍了。

---

① 《荀子·天论篇》，见叶衡选注：《荀子》，商务人人文库，1970年台一版，页76。

② 王先慎：《韩非子集解》，商务人人文库，1971年1月台二版，卷五，《亡征》第十五，页1。

③ 李约瑟：《中国之科学与文明》，中译商务版，第三册，页37，《王充之怀疑哲学》。

④ 王充：《论衡·难岁篇》，见《古今图书集成·艺术典·堪舆部》。

到了唐朝以后，风水已经成为中国人生活的一部分，但仍然不时有些读书人对它发生怀疑，而且著论批评。唐朝的博士吕才，看到当时阴阳之术为巫者利用以牟利，“……遂使《葬书》一术，乃有百二十家，各说吉凶，拘而多忌”[①]。照他的说法，风水之所以大为流行，竟是因为术者借着大众的迷信，因牟利而滥造了的。《葬书》今天认系晋郭璞之著作，当时竟有“百二十家”，几乎是一个大骗局。新、旧《唐书》的《艺文志》中，有关堪舆的著作不过十余种，这些“家”都是不登大雅之堂的了。

唐代以后反对风水的论调，与汉代以前不大相同。古代是自纯理性反迷信的，只证明其不合理而已足。但唐代以来，儒家的思想支配了中国人的生活，故反迷信的论调大多以儒家的立场发言。换言之，他们不再完全自“理”上去反驳，而是自“礼”上去批评。对于他们，不合理固然是不对的，不合礼是更重要的理由。这一点，与韩愈反对佛教是站在同一立足点上的。

儒者反驳风水的理论有些麻烦。因为到了唐朝，风水葬法已可附会儒家的经典，诸如《易经》《孝经》等。比如《孝经》上说“卜其宅兆而安厝之”，使风水师们振振有词。而选日择时更是有古代典籍可征的“礼”法。所以吕才在其《五行禄命葬书论》中，要批解葬法对古籍文意之误解，表示古来的选择均依礼，而非求吉避凶之意。比如古人安葬择时，乃因“先期而葬，谓之不怀；后期而不葬，讥之殆礼”，

① 吕才:《五行禄命葬书论》，见《古今图书集成·艺术典·堪舆部》。本文亦被收入《校正地理新书》之卷尾。吕才，据云为风水三合派之祖，不知何据，见王德熏:《山水发微》，1968年自印，台北，页11。

或“选月终之日，所以避不怀也”[1]。

这种解说，使我觉得很类似今日的功能主义者，用环境的观念来解释风水的来源，反驳其“术”，却承认其存在的价值。好像说，这些做法在古代原是很有意义的，到了近代，世风日下，竟由迷信隐盖了原意，真理遂不显了。使他们生气的，尚不是安葬无影响富贵之理，而是因为葬者“败俗乖礼”。选用好的风水安葬，为的是发财做官，而有些荒唐的规定，甚至需要“莞尔而受吊”，实在有碍良风美俗之养成。由于无益于“世道人心”，真正的读书人，为了民族的利益，是颇深恶痛绝的。如司马温公“欲焚其书，禁绝其术”[2]。今天虽少文献可考，相信持有此看法的人每代均有，只是属于少数罢了。

到了明朝，有一位项乔先生写了一篇《风水辩》，对风水术大加批评。他在文中引述了唐吕才的说法，肯定了儒家正统的立场，然而他的时代已是理学盛行的时代，单单是知识的、合礼的观点已不足以服人，必须增加些理学的论点。他说风水之讲求：

> 使人顺性命之理耳，非谓福可幸求，祸可幸免也。[3]

所谓“性命之理”，就有些理学家的口气了。项乔所指的性命之

---

① 吕才:《五行禄命葬书论》，见《古今图书集成·艺术典·堪舆部》。

② 司马光反对风水之态度为后人多所引证，此处为元代赵枋的引语（《风水选择·序》，见《集成》收文）。在明代所刊《地理人子须知》之琐言中，亦讨论司马温公之意见。著者仅要求后世之为人子者要警惕而不可过分。北宋的儒者欧阳修，对于理学家玩弄图书，斥为怪诞，对于其后世风水影响于士人思想之严重性，可谓有其先见。

③ 项乔:《风水辩》，见《古今图书集成·艺术典·堪舆部》收文。

理大约是可以理解的，凡与人民的生活有关的“理”，不是形而上的玄理。他有一段文字说：

或曰：此则天地之大数也，姑舍是以小者论之，宽闲之野多村落焉，或风气环抱，则烟火相望，或山川散逸，则四顾寂寥，历历可指数也，而子不信之乎？

曰：此生地能荫生人，予前已言之矣！然又有说焉：村落虽有美恶，其初原未尝有人也。及人见村落环抱，乃相率而居之而成村落，或遂村落能荫人也。[①]

有人认为地方的繁荣与风水有关，他是同意的，但他只承认好的风水是“生地”，能荫生人。风水的意义用现在的话说，即适合人类生存的环境。这是相当新鲜的说法，一种不同于传统界说的“理”。项乔慨叹说：“谓有地理而无天理可乎？”就是把“好生之德”当作天理的，另一种儒家之阐释。

自宋之后，葬书之大盛，与朱子的态度有关，朱子崇信风水之说，因使该术在统治阶级中渐被公然接受。据说他“兆二亲于百里之远而再迁不已”。项乔大不以为然，讥之曰：

呜呼！其求之也力矣！何后世子孙受荫不过世袭五经博士而已。岂若孔子合葬于防，崇封四尺，未尝有意荫应之求，而至今

① 项乔：《风水辩》。宋代帝王相信风水，命大臣编书，以“纳民于富寿”，原不自朱子始，见《校正地理新书》，宋翰林王洙《地理新书序》，朱子显有推广之功。

子孙世世为衍圣公耶？[1]

批评虽然刻薄，然而朱子的行为所留下的影响十分深远。此类评语，可以发人深省，在朱子的思想支配官办考试的时代，也是很不容易见到的。

最后我们谈谈赞同派。

自古以来，儒家并不反对占卜。孔子治《易》，虽然是研究天道变易的道理，却也有延续远古卜筮传统的意思。到了汉代，儒者接纳了阴阳家的说法，在观念上已经可以接受风水了，所以相宅术就流行起来。到了后世，达官贵人们也理直气壮地支持风水，就是本于周公、孔子的古训。周公有洛邑之营，夫子有宅兆之训，是明代以来的风水著作序言中常引用的。

> 古昔圣人握造化之枢，探阴阳之窍，仰观俯察，以辟天文地理之蕴。[2]

这几句话在意理上很容易把风水与《中庸》的儒家哲学连为一体，把风水术的历史推到三代以上。但要落实到风水与葬法的理论，还有一段距离。

李约瑟在谈到风水的时候，引《管子》的话，“地气与人之筋脉

---

① 项乔：《风水辩》。

② 余铭：《地理人子须知序》，见台湾竹林书局翻版《地理人子须知》，页3。余氏为明代官吏（奉直大夫，南京刑部）。该书有明代序五，包括明万历间首相徐阶之序。

相通”，似乎在点出风水之理论基础，[1]但该书的《水地篇》，开宗明义是这样说的：

> 地者，万物之本原，诸生之根菀也；美恶、贤不肖、愚俊之所生也。水者，地之血气，如筋脉之通流者也。故曰：水具材也。

这段话的意思并没有把地气与人之筋脉连起来，只是类比水与地的关系为血与人的关系而已。在观念上，水为地之血气，特别是用了这“气”字，与后世的风水论是相当接近，但充其量，这种思想只能看作风水发生的背景，尚没有直接关联。又《管子》这本书，胡适之先生认为产生于战国末期。[2]可是读其《水地篇》，似乎有汉朝五行阴阳家的意味了。该篇中说明各地区水性与民性的关系，系有人文地理学的看法，很值得深思的。

依我看来，正统儒家董仲舒可能是风水理论的鼻祖，他在《春秋繁露》的《同类相动篇》中有一段话，几乎可直接导出《葬书》的原则：

> 百物去其所与异，而从其所与同，故气同则会，声比则应，其验皦然也。试调琴瑟而错之，鼓其宫则他宫应之，鼓其商则他

---

① 李约瑟：《中国之科学与文明》，中译商务版，第三册，页24。见唐敬杲选注：《管子·水地篇》，商务人人文库，1972年台三版，页146。

② 胡适之在《哲学史大纲》中认为《管子》一书中的政治思想非常进步，不是春秋时代可以产生的。他认为该书为战国末期之产物。

商应之，五音比而自鸣，非有神，其数然也。[①]

这段话说明万物声气相投的现象，还没有直接提到“气同声比”为何有超自然的力量，下面一句就更清楚了：

非独阴阳之气可以类进退也。虽不祥祸福所从生，亦由是也。无非己先起之，而物以类应之，而动者也。[②]

为了读者比较上的方便，下面引几句郭璞《葬书》上的话，可知其观念为何与上引诸文相通。郭璞开宗明义说：

葬者，乘生气也。五气行乎地中，发而生乎万物。……人受体于父母，本骸得气，遗体受荫。经曰：“气感而应，鬼福及人。”是以铜山西崩，灵钟东应，木华于春，粟芽于室。[③]

在《管子·水地篇》中，提出了大地为生气之原的观念；在《春秋繁露》中，提出了气同而相感应的观念，而且把祸福相应的观念也点出来了。《葬书》或更早的《青囊经》，只是把这些观念利用

---

① 在李约瑟的上引著作中，有《中国科学的基本观念》一章，讨论董仲舒此段文字的意义，表示中国人的宇宙为一有机体，其间的相互作用，并非因果关系，而为神秘的共鸣，也可用来解释风水的观念。

② 从万物之感应与共鸣而及于祸福，及于祥瑞征兆，为汉代以后二千年中国正史所尊奉的观念。各代正史均有五行志以记载此种感应。自古以来，国人均为元首编造祥瑞神话。

③《葬书》之著作者尚有疑问，但为后世广泛转引，此处引者见清代叶九升注：《地理六经注·葬书》，1973 年华成书局翻印版，卷一，页 1。

到人体上而已。人体受之父母，父母与我之间互相感应，是最顺理成章的推论。父母的本骸若能得到大地中的生气，我为上代之遗体必能受到这生气的感应。《葬书》上举的例子，铜山与灵钟相应，木华与粟芽相感，不过进一步引申了董仲舒“宫应宫，商应商”的意思而已。

这里值得讨论的是“鬼福及人”的观念的产生。照《葬书》的文字推论，似乎乘生气就是福。这是很难令现代人接受的形式。恐怕也是正统的儒者所不能默认的。以子孙的繁衍解生气尚可以说得通，但是以荣、贵释生气就有些勉强了。这是典型的附会式的推理：自生煞之气而吉凶、而荣枯、而福祸，终于沾着浓厚的世俗的色彩，脱离哲学的范畴了。

也许因为这种迷信的色彩，所以《葬书》“自齐至唐，君子不道”[①]。到了宋朝，却受到理学家的鼓励，大大地流行。不但世俗之士深信之，政府上下、饱学之士也大多在“理”上接受。为后世常常引用的文字是程子与朱子的话，而程、朱二氏都是根据孔子“卜其宅兆而安厝之”的话所发挥的。

程子说：

> 卜其宅兆者，卜其地之美恶也，地之美者则神灵安，子孙盛；若培植其根而枝叶茂。

他又说：

---

① 元赵枋：《葬书问对》，见《古今图书集成·艺术典·堪舆部》收文。

祖父子孙同气，彼安则此安，彼危则此危。[1]

朱子说：

葬之为言，藏也。所以藏其祖考之遗体也。以子孙而藏其祖考之遗体，则必致其谨重诚敬之心，以为安固久远之计，使其形体全而神灵得安，则其子孙盛而祭祀不绝。[2]

连与朱子有异见的陆象山也有一段话：

通天地之人曰儒。地理之学虽一艺，然上以尽送终之孝，下以为启后之谋，其为事亦重矣！亲之生身体发肤皆当保爱，况亲之殁也。奉亲之体厝诸地，固乃付之庸师俗巫，使父母体魄不得其安，则孝安在哉！[3]

朱熹为后世的风水家们崇拜，除了言论之外，也因有具体行动。他自己安葬父母，觅地甚苦，后世传说甚多，而在正史上，他为孝宗陵之择地上了“山陵议状”，因而丢官，是很有名的事。时在光宗绍熙五年，朱子已六十五岁。[4]这一次论战，并不是争执应不应该看风水，

---

① 程子此语为堪舆家引用，亦为批评家所指责。此处转引自徐维志：《地理人子须知·琐言之一》，“不可不知地理”。

② 朱子此语亦转引自上文。

③ 陆子此语亦见上引文。

④ 王懋竑纂：《朱子年谱·考异附录》，商务人人文库，1975 年台一版，卷之四上，页 201。

而是争执看风水的原则。当时负责孝宗选地的官员持有老派的风水观念，以“国音”取向。[1]而朱熹力主较有自然主义意味的，当时流行的风水择地方式，即后期的峦头派。朱子以大儒的身份为风水理论宣扬，影响是很深远的。

朱子能接受风水的观念，今天看来，似乎很难置信，然而以宋理学的思路则是很顺理成章的。在朱子之前，几位学者，邵周、二程，已对天地自然与生命之理，作了很多玄学的思考，所谓性、命，所谓理、气，已经成为思想的游戏，这些学者用来教授学生与世人如何修身养性。所以朱子相信鬼神与祸福，只是把它们归纳在理与气的玄奥的解释中而已。下面引用他的一些话，不必深解，读者即可一目了然矣！

> 自天地言之，只是一个气；自一身言之，我之气即祖先之气，亦只是一个气，所以才感必应。[2]
>
> 数，只是算气之节候，大率只是一个气。……人之生，适遇其气，有得清者，有得浊者。贵、贱、寿、夭皆然。故其参错不齐如此。[3]
>
> 人之所生，理与气合而已。[4]
>
> （敬子问自然之数，曰：）有人禀得气厚者，则福厚，气薄

---

① “国音”即宋代帝王赵姓之音，赵音属“角”，照五音地理，必坐丙向壬，亦即坐南朝北。故有宋诸陵均坐南向北，朱子辨此为非。因当时为孝宗陵寝觅地于高宗陵旁，穴中有水泉之害，朱子上议状以辨利害，见《朱子文集》。

② 张伯行辑：《朱子语类》，商务人人文库，1969年台一版，页15。

③ 见上引书页4。

④ 见上引书页24。

者，则福薄。禀得气之华美者，则富盛；衰飒者，则卑贱。气长者则寿，气短者则夭折。此必然之理。[1]

在这些引文中可以看出朱熹找到了一个气字，把它尽量扩张，包括了一切空幻观念。气是无形的，无所不在的。气是有个性的，气是动态的，如电、磁一样有交流之可能，联络之作用。气带有价值，故有正邪，有清浊，有厚薄，有长短，有华美与衰飒。而这些气均投射于人身，转换到人的身上，厚薄就与福有关了，清浊就与贤愚有关了，长短就与寿夭有关了，美丑就与富贫有关了。这是一种很武断的三家村老夫子的逻辑，而朱子实其始作俑者。

朱子的这种说法，同时把“生气”的观念大加延展，即是“生气”就可以人格化。这气要推演起来，就强化了“生死有命，富贵在天”的人生哲学，因为理是天命，气是人命，地为天人之媒介。人之贤愚、贫富，为气之所禀，气又为天所命，我们除了在大地这媒介上，找天命所钟的精英之气，还有什么更好的，创造我们的命运的办法？自宋以后，我国积弱，读书人缺乏斗志，耽于安乐，趋炎附势，无非自风水的哲学基础上来。这一点朱子当时恐怕没有想到吧！

朱子之后，反对风水的人就很少了。大家意见的不同只是程度与派别的问题了。如上文所提元代的赵枋写了《葬书问对》一文，可以代表几百年来一般知识分子的看法。他是相信风水的道理的，但认为因为吉地难求，故一般的葬师并没有“夺神功，改天命”的本领。吉地之取得非命也，乃先世之阴德也，这样的看法勉强把风水之术与儒

① 张伯行辑：《朱子语类》，商务人人文库，1969年台一版，页30。

家崇信的修德以改福的观念联结起来。

一般说来，他们都是多因素的崇信者，是折中派，他们认为葬地与积善修德、气数都有关系。而君子“秉礼以葬亲，本仁以厚德，明理以择术”，以遂“性命之常，慎终之教”。葬亲成为一种多功能、多意义的行为，可以一举而数得，即使最理智的儒者也可以坦然接受而热心地进行择地计划了。

赵枋在另一篇文章中则同样支持风水上择日的重要性。世人修德未能充分显示在寿、夭、贤、愚、贫贱、富贵上，他不怀疑两者间的关系，却怪罪一般风水术士无知。[①]这种说法反而把风水看成执行儒家“奖善惩恶”原则的法官了，实在颠倒常理，然而元以后的读书人逐渐有这类的看法。

在本节的最后，我引明代风水学者徐善继的一段序言，可以了解读书人如何把孝道、理学，甚至国策与风水连在一起，以自别于以风水为生的术士。

> 择地一事，人子慎终切务也。孔子有卜宅兆之训，孟子谓比化者无使土亲肤，程子有避五患之戒，朱子谓必慎必诚，不使稍有他日之悔。圣贤垂教，其慎如此，钦惟我皇朝以孝治天下，迄今二百余年，圣圣相承……亲亲之教，视古尤加。诚以生事死葬，礼之大焉，且事死如事生，而葬必虑夫亲魄之安危。又天性有不可解者，岂惟拘拘于彼术家所谓祸福之说哉。但化者既宁，则生

---

① 元赵枋：《风水选择 · 序》，收于《古今图书集成 · 艺术典 · 堪舆部》。

者自昌，先正谓由根达枝，斯定理也。[①]

对于他自己的著述，则说“上可以敷圣君贤相降及枯骨之仁，下可尽肖子贤孙厚本慎终之孝，吾儒穷理尽性，分内事也”。他把自己的责任与圣贤之教诲联结起来，希望读者们不要把他当作普通的风水先生。只是两者之间有什么分别呢？

① 徐维志：《地理人子须知》，嘉靖甲子《自序》。

三　风水的古与今

风水的流行，如前所述，自汉代及其以前就开始了。但风水与我国文化的其他现象一样，经过两千年以上的演变，名虽存，实已不同了。中国人有述古的倾向，有托古的毛病，喜欢挟古以自重。因此对历史的研究就非常重要，但也十分困难。

我国至今并没有人写风水术的历史，[①]想来因为读书人并不认为值得花这些时间。本节所谈的“古今”有一点历史的意味，但不是历史，因为我并没有认真地去研究风水的历史，也没有足够的资料，写不出可称之为历史的文章，但近若干年来所涉猎的一些文字中，隐约可看出自汉代以来风水发展的大要。乃就我笔记所得，略加整理，写出来供有志风水研究者参考。除了所谓“术家”之外，相信大家对演变之情形有所知是很有帮助的。

远古的风水当然不可知了。

---

① 传统的风水著作多有简短的历史的叙述，但均为无实证的术家之言，李约瑟对风水发展的研究，限于思想观念方面。李对罗盘的发展是很有帮助的，我们已可以说，罗经始于汉代，与占卜同源，至于李约瑟认为风水中罗盘的使用，自唐以后，乃发生于福建派，恐系因福建近海，将航海罗盘与风水罗盘相关联的纯意会之论断，没有具体的根据。李氏这一段讨论，见上引李氏著作之中译本，第七册，《磁的方向与极性》，页 393。

汉代已有风水，可自《汉书·艺文志》中列有堪舆的著作为证明，当然前文中所引王充的批判则为更具体的例证。后代讹托秦、汉的风水著作，如《青囊经》《青乌经》等等宋代以前并无任何记录。

自《论衡》中知道，当时的风水与今未尽相同，但大体的意思却很接近。风水开始时即联结了时间、空间、人物三重要元素，形成一种祸福判定的系统。兹将王充所指出的几点说明于后，以窥豹于一斑。

王充自现已不传的“图宅术”中，简要地说明了当时的宅法。这两段文字是这样的：

> 宅有八术，以六甲之名数而第之。
>
> 第定名立，宫商殊别，宅有五音，姓有五声。宅不宜其姓，姓与宅相贼，疾病死亡，犯罪遇祸。
>
> 商家门不宜南向，徵家门不宜北向。则商金，南方火也。徵火，北方水也。水胜火，火贼金，五行之气不相得，故五姓之宅，门有宜向。向得其宜，富贵吉昌；向失其宜，贫贱衰耗。[①]

第一段开始的一句很不容易明白，有两个名词，一为“八术”，一为“六甲”，今均已失传。“六甲”尚可勉强用甲子、甲寅、甲辰、甲午、甲申、甲戌解释。在王充之后约一千年的宋堪舆官书中，葬法的冢体、冢穴方向的吉凶判断，有所谓“六甲置丧庭冢穴法”，将冢穴依六甲分为六类。[②]这可能是同类的名词，其内容是否相同，已无法推

---

① 见《论衡·诘术篇》，收在《古今图书集成·艺术典·堪舆部》，卷六七九。

② 据《辞源》，“六甲”即释为“时日干支”，与文义较近之解释为“五行方术”。本文的解释，根据金张谦注《校正地理新书》，为据宋官书所编。所引“六甲”“八卦”等条，

断。至于“八术”，更无从了解了。“八术”也许即八卦，因在同一来源，有所谓五姓“六甲八卦冢穴步数”，以度量墓地长阔与面积之吉数。但到了宋代，这“六甲”与“八卦”冢穴的意思，已经弄不清楚，所以张谦在注中驳批了当时过分简化的新解。

自这几句话看，定宅先以“六甲”之名数第之。第之就是予以次第，“名、数”的意义难解，在引之金代所注宋书中，“六甲”以一三七九为数，是否汉代的原意，亦无法推断，大概是自运算中得到一个数，有了数，就有了音律，属不同的音。五音就是宫、商、角、徵、羽，宅主必有姓，而姓亦可分为五声。宅与姓之音必须相“宜”，不能相“贼”。祸福就是这样判辨的。可惜他语焉不详，除了生克之外，我们无法知道如何才是相宜，如何算是相贼。

第二段就比较容易了解。在这里他没有提宅第的音律，只说五姓之音，知道了姓之音律，即将此音与五行比对，如商音为金，金怕火，而南向为火，就不可南向，向北为宜，因北为水，金水相生，这是很简单易解的办法，好像是后世纳音五行之术。在这里说明了五行生克的观念，已是风水系统的理论基础了。

我认为纳音五行的直接使用，是古典的风水学，今已不传。[①]《隋书》的《艺文志》中所载风水著作仅三种，尚有《五姓墓图》一书。《宋

（接上页）见该书卷十二。

① 上引张谦注《校正地理新书》，可以为此说的最有力佐证。该书的立论几全以五音为基础，第一卷开宗明义先介绍姓氏之音。然其吉凶判断已非常繁杂，显示唐代以来俗说之流传，该书可证明宋代以前风水之系统与近代几完全不同。到近世，纳音五行在整个风水系统中占有的分量很轻，但音形的关系仍有人注意，如清末出版之《罗经活图解》中，道光年间张睢屏写的序，有一句话说：“阴阳五行不外一理，李子跃门夙究音学，由音转形，于博求约……”

史·艺文志》中堪舆之著作已多达七十余种，出现大量托古之作，而五音地理仍占有相当之分量。到南宋，这种正统的风水为宫廷中崇信，故引起前文中所说朱子“山陵议状”的激辩。朱子的见解在当时是一种新派的风水。我认为就是朱子的力量把正统“五音地理”消灭了的。

我把纳音说为正统，乃因它与儒家的形而上的理论完全符合。董仲舒的看法我们已在前文谈过，在儒家经典之一的《礼记》上，暗含着乐音与天地造化之间的关系，自这种形而上的观念推衍到纳音是很方便的。

> 天高地下，万物散殊，而礼制行矣。流而不息，合同而化，而乐兴焉。……乐者敦和，率神而从天，礼者别宜，居鬼而从地。故圣人作乐以应天，制礼以配地。礼、乐明备，天地官矣！①

又说：

> 礼者天地之序也……乐者天地之和也。
>
> 化不时则不生，男女无辨则乱升，天地之情也。及夫礼乐之极乎天而蟠乎地，行乎阴阳而通乎鬼神，穷高极远而测深厚。乐著大始而礼居成物。著不息者天也；著不动者地也，一动一静者，天地之间也，故圣人曰礼乐云。②

---

① 叶傅选：《礼记选注》，商务人人文库，1972年台二版，页91。“天地官矣”，注为天地各得其所。

② 同上引书，页92。在这一段文字中，提到“在天成象，在地成形”的观念反映“礼”，而其间的和谐关系则为“乐”。

再推就到五行的协调了：

> 是故先王本之情性，稽之度数，制之礼义，合生气之和，道五常之行，使之阳而不散，阴而不密，刚气不怒，柔气不慑，四畅交于中而发作于外，皆安其位而不相夺也。[①]

再推下去，乐就是生命力了：

> 是故大人举礼乐，则天地将为昭焉。天地䜣合，阴阳相得，煦妪覆育万物，然后草木茂，区萌达，羽翼奋，角觡生，蛰虫昭苏，羽者妪伏，毛者孕鬻，胎生者不殰，而卵生者不殈，则乐之道归焉耳。[②]

乐的力量可保证生命的成长，难怪风水家会以音相和为祸福之判断。

不仅乐音之和象天地之造化，可感应人间之祸福，在空间与时间的观念上，儒家的正统学术，《礼记》的《月令篇》已为堪舆家立下范例。《月令篇》实际上对天子在一年中的各季节，应住何堂，坐何样的车、何色马，乃至衣着、装饰均有规定。这些规定除了与五行方位、色彩相

---

① 叶傅选：《礼记选注》，商务人人文库，1972年台二版，页96。

② 同上引书，页101。此段引文之后，《礼记》的作者指出，这里所说的“乐”是形而上的，并不是指黄钟、大吕等音韵，也不是指乐师之演奏，又提到音与乐不同，指出“德音之谓乐”。

关之外，看不出什么明显的理由，[1] 显然属于一种原始时代王朝半宗教性的仪礼的遗留。《礼记》不是风水著作，所以不会说明如不照办会有大祸临头，但早期文献中“礼”字与占卜、鬼神等纠缠不清，我们可以假定当时的礼制是带有祸福的现象的，是具有宗教性的强制性的。

> 是故夫礼必本于大一，分而为天地，转而为阴阳，变而为四时，列而为鬼神，其降曰命，其官于天也。[2]

在王充的《论衡》中，提到当时流行的风水上的禁忌，与纳音的系统性风水不完全相关，与今天的风水具有两种性质是一样的，系统性的解释也许不合乎科学原则，但是一种前科学，有自圆的逻辑。禁忌则为自民间无中生有地流传起来的，而其影响力却尤为广大。

他提到的一个例子是“西益宅”之忌。《左传》上鲁哀公曾就此忌问大臣，可见来源是很古老的，到汉时已流传了几百年了。“西益宅”即向西方新加建住宅的意思，为什么要忌这样很普通的事，王充虽有义理上的解释，[3]却很难令人取信，只能把它看作古老的迷信，与后世宅向不可面对山墙是一样的。

这是空间上的禁忌，后世流行的时空相关的禁忌，当时已流行了，即太岁不可移徙。他说：

---

① 对《礼记·月令篇》的礼制，卢毓骏氏曾认与季节及日照有关，希望能有详细之研究。实则天子居明堂之“礼”与居住无关，为纯象征性之活动。卢氏试图以居住功能解释，无法自圆其说，卢氏论述，见卢氏著《明堂新考》。

② 见前引《礼记选注》，页 50。

③ 王充对“西益宅”的古忌，解释为古制以西为上，如加添新室于西方，则易于破坏上位的制度而失礼。这种义理的解释，颇类今人的思想方法。

> 太岁在甲子，天下之人皆不得南北徙，起宅、嫁娶亦皆避之……不与太岁相触，亦不抵太岁之冲。[①]

太岁是木星，近代的农民历上均以太岁为凶方，不可重土与建筑，而木星绕行，约十二年一周，乃以时间改换为空间的禁忌。《论衡》上的说法与今天略异，但观念是相同的。择时是古来的传统。

综合以上的讨论，即知汉代已有一种相当系统化的风水之学，根据儒家礼乐代表的哲理，及儒家所传古代对方位与时间的占卜，这套东西很容易为大众接受，但无疑的，自上层社会的礼，下到民间，失去了严肃的形式，就成为迷信了。知识分子居于两者之间，态度是很暧昧的。

自汉而后，风水的发展只能靠一些推测。李约瑟说风水之说自三个时代开始成为体系。[②]他的根据是管辂所著的《管氏地理指蒙》。该书收在《古今图书集成》中，其年代实际上是完全不可靠的。[③]他又说，到第五世纪的刘宋时代，有王微其人，著《黄帝宅经》，今日尚存。此书亦收入《古今图书集成》，但李氏所根据的资料与所下之论断似很脆弱，《黄帝宅经》以我看来也是明人所托。

李氏接着说："唐代有名风水家杨筠松所作之《青囊奥旨》，配合明代杰出术数家刘基所著之《堪舆漫兴》，而达于高潮。"这是聊备一格的话。自唐而后的风水著作汗牛充栋，发展脉络的爬梳整理，需要

---

① 王充：《论衡·难岁篇》。

② 李约瑟：《中国之科学与文明》，第三册，页 26。

③ 《管氏地理指蒙》之文字似甚古朴，但所叙述之方法与观念均为后代之所有，且长篇大论，与六朝以前之类似文献大不相同。又该书自隋至宋，均不见于《艺文志》中。

新刻地理體用括要天機會元正篇葬經卷之三　丑集

晉　仙師　郭璞　著

明　地術　漳庠

葬經

氣感篇

葬者乘生氣也

五氣行乎地中，發而生乎萬物

葬乘生氣圖

人受體於父母，本骸得氣，遺體受蔭

經曰：氣感而應，鬼福及人

是以銅山西崩，靈鐘東應

木華於春，粟芽於室

·《新刻地理体用括要天机会元正篇葬经卷之三》书影

一段严肃的工作。

李氏怀疑郭璞对《葬书》的著作权。怀疑是有理由的。但与《管氏地理指蒙》《黄帝宅经》比较起来,《葬书》的时代性较不成问题,大多数明代以来的堪舆家都承认《葬书》的地位,虽未经现代科学的考据,他们可感受到在儒家与阴阳家、道家大融合的时代里,产生这一篇文章是合理的,可以接受的。中国的读书人有一种直感,有时去得不远。比如很少人相信讹托汉人著述的《青乌经》与《青囊经》的真实性。清初叶九升写《地理六经注》时,把《葬书》列为卷首,可为一证。[①]《葬书》中引用了很多较早的著作,疑为失传之《葬经》。

据叶氏说,“旧传《葬书》二十篇,西山蔡氏恶其讹错之甚,定为六篇,草庐吴氏,又病蔡氏之未精,又定为内外杂篇”。但叶氏对吴氏之编订亦不满意,又“细加考校,复为订定,但详其意义之序次,不复分为篇章”。他承认得不到郭氏旧章的全文是很可惜的,但他认为郭氏此书“理玄而词古,言简而意多”[②]。

我认为我们可以把六朝定为《葬书》的时代,《葬书》正式确定了风水的哲学基础,为风水下了定义,为后世的风水术定下了基本的价值观念,虽然很多论断是用“经曰”的口气说出来的。

《葬书》建立了哲学与形相之间的关系。“葬者,乘生气也”,可说

---

① 如《古今图书集成》中即收有《青乌经》,《地理人子须知》于卷首亦列有《青囊经》与《青乌经》,均称为秦人所著,然而叶九升以《葬书》为经首,且于例言中,径称之为《葬经》。

② 叶九升:《地理六经注》,卷一,页8。他认为要读通《葬书》,须读两汉三国诸文,然后可以通其文理。

是风水的理论基础。而风水的定义则为:“气乘风则散,界水则止,故谓之风水。风水之法,得水为上,藏风次之。”[①]这段话的重要性,就是把很抽象的“生气”的观念,落实到可以观察、可以捉摸的风与水,而好的乘生气的方法,就是藏风、得水。

风与水都是自然界的事物,要藏风、得水就要有一定的地理的环境,“古人聚之使不散,行之使有止”。上句是指风,下句乃指水,就是提示了良好的山川形势的法则。难怪后来的术家都被称为形家了。

自汉代流行的纳音五行基本上是数的推衍,并未涉及形,严格说来,还不能称为风水。到了六朝,南朝的地理环境,山水形势,把乘生气的观念具体化了,站在山头上,俯视丘陵起伏的原野,感到万马奔腾,大自然的气势万千,所以“丘陇之骨,冈阜之支,气之所随”,“地有吉气,土随而起”,这样生动的想象就产生了。

东晋以来,正是我国山水诗画创生的时代。所以今传之《葬书》是否全为郭璞所著不甚重要,此种基于山水形势的观念与绘画、文学上的观念相通,可以互相参照,引为证验。我在数年前曾提到风水之形势与陶渊明《桃花源记》空间构想的关系。[②]在绘画方面,六朝所传之作品不多,大英博物馆所藏顾恺之作品,可显示正以稚拙的表现方式,表达出当时的山水组合的观念。自此而唐代,藏聚与围护是我国画家笔下山水的主要构成原则,李约瑟提到风水之发展与美学有关,

---

① 均《葬书》中语,《葬书》有多种堪舆书籍注释。笔者所见者文字均大同而小异,注释则南辕北辙。《图书集成》中所收称《郭璞古本葬经》,无注释。此处所引,为各本所同有者。

② 见汉宝德讲述,林新宝整理:《风水》,载《中原青年》二十八期,1976年6月出版,页81。该文若干细节为林新宝增入,但仅为润饰讲词,记录大体正确。

是一种非常表面的、西方人的看法。[①]

《葬书》的时代地位，可以自隋唐以后的风水发展看出来，唐吕才在批评风水术时，用“葬书”一词代表阴宅风水，可见自《葬书》的原则发展而为繁复、琐细的术家之言，同时，唐代之后的《艺文志》，《葬书》均被列入，亦可旁证它是源远流长的一本书。

风水到了唐代，情形大约如吕才所说，是很混乱的，连吕才本人居然也著有《阴阳论》。[②]所谓混乱，是自广、深两方面说的。广，乃指当时的葬法可能与其他的星相占卜之术产生了横的联系，因此在基本理论架构之上，增加了很多术法，使人眼花缭乱。我这些话是推测，但在《隋书·艺文志》中，已见有很多三元、九宫等著作，却未见有《葬书》。这可能说明命相学较风水学发展早，并广受大众注意。我推想术家是身兼数业的。与今天的风水先生无异，横的混淆几乎是无可避免的，比如把元运、九宫等法用到风水中来，很可能始自唐代。

五行家本是自天文、历象中来。汉代以来，我国正史一直把天象变化与人间的灾祸联结在一起。这也是星相学的理论基础。所不同的，史书所载，表示天象与国运或群众祸福有关，而星相占卜则指其与个人之命运有关。术家要想出办法来，把个人的资料与星象的流转建立

---

① 李约瑟：《中国之科学与文明》，第三册，页27。李约瑟此说影响Feuchtwang，在其风水研究*An Anthropological Analysis of Chinese Geomancy*中，有一章专论风水与山水，其实这是在读风水书籍时，看到一些景色描写的文字，所联想得到的结论。我国山水画的传统仅到明末之后才受风水的影响，且其影响仅及于理论。其关系之讨论，见汉宝德刊于《联合副刊》之《谈中国画之中锋》一文。

② 见新、旧《唐书》之《艺文志》。《新唐书》并无新资料，此部分想系参照《旧唐书》所写。又王德熏在其《山水发微》中提到吕才为“三合”派宗主之一。不知何据。见该书页11。就上引《五行禄命葬书论》一文看，吕氏实为一具有理性的学者，反对《葬书》甚为坚决，似无再创堪舆新说之理。依《校正地理新书》毕履道序，吕才似整理过风水。

直接转换的关系。这个过程是相当混乱的，后世的著作显示非常分歧，无一定论。

唐代有两位大天文学家，一为撰写《晋书》与《隋书·天文志》的李淳风，定下了三垣二十八宿的名称，另一为发现星宿移动的一行，都被后人指曾撰写堪舆著作。[①]一行甚至被认为假造后世风水理论的罪魁，因为他故意假造学说以“灭蛮”[②]。天文学家是否崇信风水，今天很难推测，但后日风水术中，以各种层面结合天象，他们有某种影响是无可否认的。

自纵深的方面看，在唐代似乎已把《葬书》的原则性的说明，作进一步的引申，龙、砂、穴、向诸法具备，到达可以实用的程度。这个工作是由晚唐国师杨筠松所完成的。在正史中，杨既无堪舆著作列入《艺文志》，亦无事迹记载。但后世的堪舆家均尊为“谪仙”，每一派别均需上溯至杨为其宗师。他的神奇事迹，成为民间的传说。

在《江西通志》上，杨曾为唐僖宗的金紫光禄大夫，黄巢乱时，携宫中秘本逃往江西定居，潜心学术，传授艺业，因而为历代宗师，开江西一派之先河。在后世著作中指为出他之手的书籍至少有九种，[③]一般说来，《十二倒杖》与《青囊奥语》较广受承认。不幸今天所传的《青囊奥

---

① 李淳风、一行均为我国大天文学家，对历法之贡献甚大。见朱文鑫：《天文学小史》，商务人人文库，1970年台一版，页36。

② 明代以后风水之流派甚多，互相指责、辱骂、贬斥之风甚盛，最适用之斥法，为对方乃“灭蛮”经，即风水家故意用错误的理论欺骗外国人，使其败灭，后流传中土，遂正误不分。大家认定一行僧为灭蛮经之撰写人。

③ 被托为杨筠松的著作，自《古今图书集成》的堪舆人物介绍中列有五种，但在该集成中所介绍的《十二倒杖》《青囊奥语》却不在其中，可见紊乱之一斑。在《地理人子须知》引用书目中列有八种，仅有四种与图书集成所列出者相符，其余四种不见于其他书籍。杨为神话型人物，后托者多。总计恐不下十数种。

语》每本均有所不同。如叶九升所注与蒋国宗所注，仅有几句相同，余均南辕北辙，[①] 因此后世作者依其己意删改，假托杨意之情形甚为严重。

《十二倒杖》是把《葬书》的观念引申，可以“喝形点穴”，以帮助术者找出下葬的点。这是把理想的山水形势综合而为十二种，以便于识别。《青囊奥语》则结合了星象的吉凶观念。如果我们接受它是杨的著作，则可以说，到了晚唐，具有包容性的一套新的系统已经出现。

从《古今图书集成》的资料中，显示自杨之后，形成一师承明显的系统。杨之弟子有六人，以曾文辿最为有名，著《青囊叙》，而曾之女婿即赖文俊，世称赖布衣，著有《催官篇》，或谓系宋人，想系唐宋之间者。又再传弟子中，廖禹最为有名，世称廖金精，著有《十六葬法》。《江西通志》中亦称为宋时人。廖又有名弟子六人，均出于江西宁都。江西俨然为风水术之总汇。古人对这一系统的时代不太理得清楚，如以杨为唐末人，则其再传弟子必为五代人或宋人无疑了。总之，杨筠松在唐宋之间的江西派构成了风水术的主干，写出了大部分的风水著作。

到了宋朝，风水更加流行了，《古今图书集成》中，宋之名家近唐之倍数，而《宋史·艺文志》中，堪舆著作有七十余种，但令人惊讶的是，上引唐代的著作均不载。[②]我推测也许因宋史为元人所著，而元人所收之著作则多为宋代，尤其是北宋、金朝宫廷中所藏。所以收入之著作多为正统派之纳音五行，而少江西派比较近期之作品。除了一些元运、九宫之著作外，《宋史》中出现了很多托古的著作，黄帝、孙膑、张良、赤松子等均出现，可见唐代以来堪舆著作之泛滥。

---

① 蒋国宗：《地理正宗》，卷五。原出版于清嘉庆年间，今据台湾竹林书局 1967 年翻印版。请比较上引叶九升之《地理六经注》中所引同文。

② 《宋史·艺文志》中有杨救贫《正龙子经》，后世著作中未见引用。

这个时代流传下来的文献，除了理学家们语录中的片言只语外，有一本现在台湾“中央图书馆”善本室中的《重校正地理新书》，这是我所见到的，联系汉唐与明清风水学的唯一可靠的典籍。从宋翰林王洙的序言看，《地理新书》是北宋仁宗命司天监等官员根据宫中地理旧籍，抉讹摘误，修订而成。为了慎重，曾三度重订，到王洙手上才完成，可以说是具有历史地位的著作。

这书自徽钦兵灾之后，官书失散，正本不传。到金代，有毕履道者，“访求善本”，加以订正，增加了图样，最后由一位不做官的风水迷，将毕本再予校正，并参考了很多名士的“家藏善本”补订而成，所以更其书名为《精加校正补完地理新书》。根据这些说明；可知这已不是宋官书的原貌了，好在张谦是一位很负责任的校书家，他在每一段文字之后都注明出处。如所采用的资料不出于官书，除注明外，并请读者参官书之用，与官书所载不矛盾者才可以使用。

正因为如此，该书除了保留了古典五音地理的风貌之外，可以看出当时风水禁忌与各种系统杂陈的混乱情形。序中指出，他已经是着眼于当时“野俗之流”，“只习一家偏见之文”，“傍门小说不根之语”，或“专排斥五音姓利”，收进书中的文字，态度算是很严谨的了。他所引的书，至少有数种是在《宋史・艺文志》中提到的。又该书在杨家骆编《金代艺文志补编》中分别以毕履道与张谦二人之名列入，实际张谦校正毕书而已，而《宋史・艺文志》中有《地理新书》，王洙著，共三十卷。

在第二节中，我们曾提到理学对风水之影响。理学家，自邵雍的图书象征之学，张载的《西铭》，到朱熹的义理之学，都与风水的哲学基础出乎同源。风水家们得到了理论上的支持，更加理直气壮，而理学家们先天就有相信风水的倾向。因此，到了宋代，风水在体用两方面都很完备了。

《古今图书集成》中所载托古的《元女青囊海角经》[1]，自易卦之解说开始，叙述全套的卦象吉凶、五行生克的关系，可能是明代人的著作，但其图像之理论为自宋初理学易数所衍出，几乎是毫无疑问的。这一套东西，后世称为“理气”的，盗用了理学家喜用的名称，实际上取代了古典风水术的纳音法，演而为纳甲法[2]，成为新的古典风水术的基础，一直流传到现代。

但是朱子一派的理学家，有穷理致知的观念，对于外在的自然现象是很有兴趣的。自观察自然以求理之所安，在风水上，就会追随《葬书》，走上山川形相的路子，自山脉水流中找理气。这就是后世所称“峦头”派。[3]前文提到的朱子的“山陵议状”乃以《葬书》的原则

① 该书见于《古今图书集成·艺术典》。在他处均未见引用或载录。“海角经”之名较常见，如《宋书·艺文志》与《地理人子须知》中均有《天涯海角经》，想系明人结合古人所传名称而讹托，故其名包括元女、青囊、海角三独立名称。

② 纳甲法，见后文之说明。于上引之《重校正地理新书》中，至少在宋代已经出现，可见其理论上的解释有数种，然以月之盈亏为正统之解释。据云自汉代以来即已有之。后代解释较明白者，如明代田汝成著《西湖游览志》（世界版，页288）。田氏对杭州之风水有所说明，释纳甲甚为平易。清代江永则以河图洛书之数，升降而推演之，详释见王德熏，前引书，页80，“以升降数名纳甲之理”。以今人看来，似均无坚实之理由，然为风水家必用之工具。

③ 在《朱子语类》中有一段谈到“翼都”的，他说：“翼都，是正天地中间好个风水。山脉从云中发来，云中止。高脊处，自脊以西之水，则西流入于龙门、西河；自脊以东之水则东流入于海。前面一条黄河环绕。右畔是华山，耸立为虎。自华山来至中为嵩山，是为前案。遂过去为泰山，耸于左是为龙。淮南诸山是第二重案，江南诸山及五岭又为第三四重案。”见张伯行辑：《朱子语类》，商务人人文库，1969年台一版，页10。朱子的这段话有几种含义。他用《葬书》的观念解释全国的自然地理，打破了《葬书》以葬为主的限制，使“峦头”正式成为一种环境观念，不一定拘泥于祸福；同时，朱子的话说明传至今天的风水的自然环境架构，在宋代确实被广泛流传。他在该文中所提到的冀都，系今之北京城。该城在宋时虽曾为金代之首府，但尚未形成元、明、清三代六百年的宏大规模。朱子此语，实为北京城之未来下预言也。想来喜好风水的人十分愿意引述此语，明代人所以尊崇朱子，对北京风水的预言亦有帮助吧！

批评古典纳音的原则。郭璞之于朱子，如同在文学上陶潜之于苏东坡一样，在思路与意趣上是一脉相承的，只是隔了一个积极的、进取的唐代而已。

到宋代，风水积近千年的历史，已经非常复杂了。有《葬书》的山水论，有天文家的星象论，有八卦五行之说，有三元、九宫之理，有古典的五音地理。而这些论调又均因人而异，即使是绝顶聪明的风水家，也无法把一切理论都归纳起来，使无所遗漏，又不相抵触。而术家的聚讼纷纭，莫衷一是，可以想象其混乱之情形。

相信风水的读书人一直在反抗这一大混乱的情势，那就是走《葬书》的路线，以山川形势为主体。据说为唐人卜则巍所著的《雪心赋》，是一篇非常动人的文章，以性情描述山水，淋漓尽致，是否为后人所假托或删改，甚难辨明，清人孟浩为之注，并辨之。他说：

> 《易》曰："俯以察于地理。"察则详于观视……道眼、法眼之称，皆从"察"中生出耳，地理者，条理也，即文理脉络之理也。山脉细分缕析，莫不各有条理之可察。自罗盘之制成，方位之说立，始以地理之理，溷为方位之理。……[①]

这是标准的道学家的看法，相信朱子会同意的。但中国人是兼容并包的民族，每有一说法出现，常被收纳到既有系统中，宋代是融合佛道与儒学的时代，纯以"峦头"为理路的风水，恐怕仅限于少数人。

---

① 孟浩：《雪心赋辨伪正解·地理辨》。原著于清康熙年间，台湾竹林书局1958年翻版，页1。

元代的赵枋，在其《葬书问对》中有几点看法，对于风水的发展有所启示，而且说明了当时读书人的立场。第一，他认为《葬书》不一定出于郭璞之手，但“乘生气”确实是葬理之所在。第二，五行与形法有关，为乘生气之机；肯定地接受了五行的体系。第三，方位之说非《葬书》之旨，始于闽。又表示方位不知何所起，盛于闽赣。第四，他很看不起方位之术。他认为以方位择地，如以人相术相畜，不伦不类。他又认为“方位者，理晦而事易”。①

在《问对》中，赵枋提到“中原土厚水深，地不可择。江南水土浅薄，不择之患，不可胜道”。这一点可以意会到《葬书》为择地法，产生于江南的道理（古典的纳音实际上只是向法）。自择地而讲求形势，遂于山林文学与山水画异途同归。他们强调的是一个“择”字。

明初的学者刘基也是《葬书》的崇信者，他写了一篇《堪舆漫兴》说明他的态度。他同时也旁证了宋元以来卦例之风盛行的情形。他说：

> 堪舆要领不难知，后要岗来前要溪。穴不受风堂局正，诸般卦例不须疑。
>
> 诸般卦例不须疑，穴正龙真便可处，水不须关有案拱，绵绵瓜瓞与人期。②

刘基不仅是风水的信仰者，而且是职业风水师，所以他的著作才用偈语体，以便后人背诵记忆。

---

① 赵枋：《葬书问对》。

② 刘基：《堪舆漫兴》，收于《古今图书集成·艺术典·堪舆部》中。刘基为明人，此文应属可靠。

但一般说来，明代的风水术是走集大成的路线。凡前代有著作，有理论的，就一体纳入。正式把风水术划分为三部分，即形法（峦头）、向法（理气）、日法（择时）。[①]到了明代，集大成的著作就问世了。《明史·艺文志》中，列堪舆书籍二十五类，显然不过当时著作的九牛一毛。如何知道呢？因为这二十五类竟与清初《古今图书集成》所收的二十类没有几类是重复的。而明末出版的《地理人子须知》中载有参考书约八十种，亦仅有少数与明史重复。《明史》与《古今图书集成》的著作年代是差不多的。从两书中均见有集成式的著作。在葬法中，《明史》列有《地理人子须知》《地理天机会元》这种大部头的著作，而《古今》中则收有文字比较简约，而内容涵盖相类的《元女青囊海角经》与《管氏地理指蒙》；在宅法方面列有《阳宅十书》中甚至包含了符咒。真可说包罗万象，早已超出风水原有的范畴，显示了文化末流的征象。明末贼寇之乱大炽时，崇祯帝恐慌至极，下令挖掘米脂李自成之祖坟，[②]可以具体说明风水的影响力，及其深透统治阶层的程度。

风水成为迷信大成的东西，自然引起知识分子的恶感，而知识分子不理睬风水的固然不少，大半均半信半疑，甚至有插手予以整理者。读书人比较能接受的风水观念仍以《葬书》中的“形法”为主。然而在明末，有蒋大鸿其人者，扬弃唐末以来繁复、杂乱的术士之说，直接上推至《周易》，与邵、张等图象理学家连上关系，使用先天八卦与六十四卦讨论向法。这是传统知识分子玩弄数字游戏的典型例子。到

---

① 此亦为元代赵枋于《风水选择·序》中提出，足证“日法”于元代之流行。然而传统之风水直至今日仍以“形法”与“向法”为主。

② 见《明史·列传》一五〇《汪乔年传》。

了清代，有蒋国宗其人，编《地理正宗》，继续发扬蒋大鸿之说。该书有周六松之序，可说明蒋氏一派的看法：

> 地理之学安亲之要道也。……宋元以下，诸说争鸣。而杨曾传授心法，旋而隐晦。自《地理辨正》（大鸿之著作）敷论宇内，百家之作庶渐寝声。时之能不惑于诐淫邪遁之辞者，林陵之力也。……地理之道，莫甚于易；山川衍底，伏羲画卦象之也。[①]

这一派虽然后起，却有相当的影响，即今人所谓三元地理。但是蒋氏的理论未必为大众所接受，却很快为业已浮滥的风水术所吸纳，成为与传统葬法同样复杂而不易了解的法术了。近代以三元为名的风水著作不少，却很少有完全相同的。

至迟在明末，风水的“术”已到了繁杂不可收拾的地步，因此“有心之士”就研制了“罗经”[②]。“罗经”之用实即将风水上向法之一切规定集中于一盘，中置南针，便于察看。所以罗经有三十余环之多，鲜有术士能熟记者。传统“罗经”有两种，一为三合罗经，

---

① 周六松：《附录天元九略序》，乃蒋国宗《天元九略》之序，收于蒋著《地理正宗》一书中，见该书台湾竹林书局1967年版，页1。

② 罗经为一很古老的发明。根据李约瑟之研究，罗经的雏形自汉代即出现，即汉代的占卜盘“式”。今观察“式”之复原图，似即罗经中心的三环，于何时开始用在风水上，虽古人有说，却无以为据。李约瑟自今风水罗经上的正针与缝针、中针间角度之差，认为天文学家观察当时磁向与正子午向偏差所创，并判定其年代。其说虽为推断，其深研之态度实令人敬佩。详见李氏前引书中译本，第七册，页485。李氏采清代吴天洪所著《罗经指南拨雾集》之说，以唐初邱延翰使用正针，唐末杨筠松创用缝针，宋赖文俊创用中针。今日所见之罗经，在明代必已流行，因《罗经解》《罗经正解》等书为罗经所写之书多为明人所著。

即明代集大成之罗经，但至迟在清初，三元派亦繁复至于制作罗经之程度。[1]

很有趣的是纯形势派与易卦派虽处于相敌对的地位，由于都反对浮滥的迷信与粗浅的法则，所以也有相同之处。他们都归宗于理学，相信一个“气”字。这在阳宅上面特别明显。他们都反对流行的“大游年诀”[2]，而主张“开门纳气”与“宅相端方”的说法。

形势派的孟浩说：

> 阳宅首重大门者，以大门为气口也。……人之门正，便于顺纳堂气，人物出入。[3]

易卦派的蒋大鸿说：

> 第一要诀看宅命，虚处动来实处静。空边引气实边受，命从来气天然定。
>
> 第二要诀看宅体，端正周方斯为美……[4]

风水到今天，已经完全成为术士的天下了。认真的读书人已不再

---

① 在大英博物馆中所收藏的罗经，为清初所制，为今之三元罗经。见 Feuchtwang 前引书所印出之照片。

② “大游年诀”为阳宅风水中，开门与主房之间关系的吉凶诀，见下文的说明。后人不深究其运算的道理，只背诵歌诀。

③ 孟浩：《雪心赋辨伪正解・地理辨》，页 21。

④ 蒋大鸿：《阳宅指南》，于赵唯曾著《地理玄龙经》中，该书有民国十三年纯根野叟序，此处引自台湾竹林书局 1971 年翻印版，卷四，页 5。

涉及实用风水的研究，而社会的风气，则因经济的富裕日趋迷信。风水先生已为一可以致富的途径，因此秘术以自高身价的风气十分严重。各家之言多出自创，绝少理性的根据。风水在今天形成十分混乱的局面，与古老的其他传统如医道一样，在江湖术士与儒者之间，使人甚难分辨。

四　峦头：自然的概念架构

前文说过，以郭璞《葬书》为传统的风水，发展为山水派，而且为一切风水术的基础，后代称这一部分为“峦头”，亦称“形法”。这峦头的观念，事实上构成中国人为自然环境的一种概念性架构，说它是中国人的空间观念亦不为过。以我看来，这是中国文化中最重要的精神元素之一。

所谓峦头，在字面上是指山脉起伏的形势，有山脉之起伏，就有河川之流转。[①]由山脉与河川构成各种不同的自然景观。在这多样的、动人的景观中，风水家们找出了一种基本形态，认定其环境形相与生气间的关系，因为郭璞说，“葬者，乘生气也”。中国人并不是不欣赏大自然多变的景象，但那是诗人与画家所醉心的境界，是艺术的境界，未必是有生命的可以乘生气的环境。峦头所代表的自然景象对艺术的影响，是到清初才显出来。[②]

---

① 所以“峦头”更适当的名称可能是“山水”，传统上以山势之高低包容山水，高者为山，低者为谷，谷即水。

② 在我国画论中，直到清初才明显地牵连到风水的理论。画家系出道家，思想隐逸，对于世俗以祸福为重的风水术，应该是相排斥的。直到后世，世俗的思想汇入士大夫的生活观念中，才勉强结合在一起。直到今日，山水画尚不能表达风水的空间架构的观念，如在国画中，瀑布为画家十分喜爱之题材，而风水中不喜“水响”，《雪心赋》中说“山秀水响者，终为绝穴”。

风水家们把自然的景象，看为宇宙生命现象的呈现，把山势的起伏看成活生生的动物。他们用中国人最崇拜的“龙”来形容，“龙”就是山脉。把山脉的脊线飞跃、盘伏跌宕的感觉予以生动化、戏剧化，是中国人礼赞自然的特有的方法。

有了这样生动的观念去观察自然，就感觉天地间有一股不可遏止的生气，潜藏在大自然间。这股生气，凝而为点，如同静息的火山口一样，是活力之泉源，风水家称之为“穴”。自古以来，中国人就把自然界的“穴”与针灸学上的人体的“穴”视为同类。“穴”是不容易觅得的，因为大自然用尽办法维护它的生命的根泉，而峦头派的风水家所致力的，就是要找到生气蓬勃的龙脉，然后在层层保护之下，找到这胎子，所以说：

> （气、理……）体赋于人者，有百骸九窍，形着于地者，有万水千山。自本自根，或隐或显。胎息孕育，神变化之无穷……地灵人杰，气化形生。[①]

他们把“穴”视为胎息，把地与人联结在一起了，“地灵人杰”的观念反映了传统“天人合一”思想的一端。有灵气的自然环境，产生伟大的人物，是中国人自古以来的信仰。历代流传下来的胎“穴”的

---

① 中国文化精神以人为本，以人体为宇宙之缩影，对自然环境之解释，虽有《葬书》的架构，却亦不离人体。此引见卜则巍：《雪心赋》，见前引孟浩：《雪心赋辨伪正解》，卷一，页 1。此书在思想上与朱熹甚近，使人怀疑是否为唐人所著。《宋元学案》之《晦翁学案》中提到“人生初间是先有气，既成形，是魄在先”。

神奇故事真是不胜枚举，而风水家们对“穴”的检定有专书讨论。[①]

事实上，寻“穴”的原则，就是观察有生气的山川形势的准则，大自然围护“穴”的局面，就是中国人为去世者寻葬地，为在世者求宅地的理想环境。这些原则是《葬书》中定来的，上面说：

> 夫阴阳之气，噫而为风，升而为云，降而为雨，行乎地中则为生气。[②]

这是解说生气何以与风、水相关。接着，他提出了风水术的基本原则：

> 经曰：“气乘风则散，界水则止，故谓之风水。”风水之法，得水为上，藏风次之。……古人聚之使不散，行之使有止。

这一原则说明这胎息所在乃生气之源，所以必须卫护的道理。要藏风，要得水。藏即避风，以免把生气吹散，得水即聚水，因生气遇水即止。在龙脉腾跃回转、流水蜿蜒的大自然中，找到藏风聚气之处，就是生气之穴的所在。这样的所在，大约在山脉近乎末梢、枝角广布的地区，所以他说：

> 夫气行乎地中……其行也，因地之势，其聚也，因势之止。

---

① 杨筠松的《十二倒杖》为寻穴的经典作，后世因之，有著作多种，但内容重复甚多。《古今图书集成》中收有《十二倒杖》，又收有其他著作，包括《十二倒杖》在内者。

② 此处及以下两段引文，均引自叶九升《地理六经注》中之郭璞《葬书》。

葬者原其起，乘其止……势来形止，是谓全气。

如放弃古代幼稚的说明，用现代环境的观点来解释，风就是空气的流动，水就是河川、溪流。这两者在自然环境中都属于动态的元素，与静态的山势成一对比，环境的滋养生命的条件乃由空气与水来决定。藏风止水，对空气而言，其意义是不会暴露在劲风激流之下，因而形成一种平静、温和的生存环境。对水而言，意义是不倾流直泻，因而形成一蜿转而滋养的生存环境。所以《葬书》上说“形止气蓄，化生万物”。

《葬书》的作者并没有把理想环境构成的实质勾画得十分清楚，只提到“环抱”的观念。但是在前文中我们提到，六朝是发生这样理想山川形势的时代。这也是陶渊明写他的《桃花源记》的时代。风水家所构想的福地，实在就是《桃花源记》中的乐园。它是一个理想的国度，在群山环绕之中，而屏障严密，飒烈的山风到此化为温馨的气息。这山峦之间，河川缓缓蜿蜒，阻止了山势，开拓了盆地，也滋养着盆地中的沃土。这里不是急湍的峡谷，故不会冲刷两岸，带走美壤。尤其理想的条件，则是对外交通不易而孤立世外的桃源，所以风水家说：

入山寻水口，登穴看明堂。[①]

“明堂”就是指这盆地。他们所希望的是一个很狭窄的水口，一个

① 引自卜则巍之《雪心赋》，见前引孟浩：《雪心赋辨伪正解》，卷一，页 4。

很广阔的盆地，他们希望“明堂容万马，水口不通舟”[①]。而陶渊明的故事中所说正是这样：

> 晋太元中，武陵人捕鱼为业。缘溪行，忘路之远近。忽逢桃花林……复前行，欲穷其林。林尽水源，便得一山。山有小口，仿佛若有光。便舍船，从口入。初极狭，才通人。复行数十步，豁然开朗。土地平旷，屋舍俨然，有良田美池桑竹之属……[②]

在这柳暗花明的境界中，必有一点为灵气所钟，生气所聚，凝而为“穴”的。

像这样一种生气环境观念，古人有很多比喻来说明，前文中提到过“胎”。如用现代人的眼光看，“胎”或者子宫，或女性生殖器，都是最恰当的比喻，但是古人因忌而未加申论。而他们可以用近于“胎”的花蕊来比喻，也是很恰当。卜则巍说：

> 重重包裹红莲瓣，穴在花心。纷纷拱卫紫微垣，尊居帝座。[③]

这花蕊是未来生命结实的所在，这围绕的山脉，只是层层花瓣，所以风水家们都称之为“结作”。

---

① 此为传统之说法，徐善继说：“夫明堂者，天子之堂，向明而治，百（原‘石’字，想系刻误）官考绩之所聚，天下朝献之所归也。地理家以穴前之地借名于此，亦以山聚水归，其象殆相仿佛焉。”见徐善继：《地理人子须知》，卷六上之三《论明堂》。变文中亦提到明堂分内、外，明堂万马乃指外明堂而言，内明堂指穴前之小明堂。

② 陶渊明：《桃花源记》，见《古文观止》等书。

③ 卜则巍：《雪心赋》，前引书卷一，页10。

在他们的心目中，山脉与一株树没有两样。其主干粗糙，但雄壮有力，可输送生命到枝叶。健康而有生气的树木，才能有高扬的生命力。纤小而瘦弱的树木所含的生命力亦微弱。然而花木生命之所聚乃在结蕊开花之处。出现生命奇迹的尖端，其枝叶是鲜嫩的，是秀丽的。自粗壮的主干到花蕊之间，一株树要经过层层的粗干细枝。此枝节愈小，则素质愈嫩，衬托着鲜艳动人的花朵。卜则巍说：

> 根大则枝盛，源深则流长。要龙真而穴正，要水秀以沙明。①

这样去看自然环境是很智慧的。山石嶙峋的主脉是一种奇观，却不适于居住，它的意义只是在形成源远流长的河流。主脉一定要经过几次跌宕，自石山落到土山，风水家说，把杀气脱卸，成为可以孕育生命的场所才成。山脉渐落到平洋，也就是水流渐汇为江河的所在，丘陵起伏，脉支回抱。这里林木葱郁，山川秀丽，鸟鸣花开，虫兽栖息其间，才是有生气的环境，所以高山峻岭之中，很难找到福地。

在风水家的心目中，这“穴”结作的形状也如同花朵，花梗自主枝上长出，如龙脉自“祖山”起层层跌落。风水家所谓“过峡”“入首”，乃指山脉到收尾处下伏，然后扬起成丘。这时“气脉紧缩”而聚集，凝而为“穴”，如同花萼下之细收头，这一主脉在入首的前后，必须有层层护卫，内向弯转拥围，以免“受风”。

让我们谈谈山、水之间的关系。

---

① “沙”在风水上为主脉之分支，形成围护之形势者。故沙即山，最后一句话，实即“山明水秀”。形家论地，以龙、穴、砂、水四项分别相之（“沙”同“砂”）。卜氏此语可概括风水之大要。

以《葬书》为主的山水派风水，乃以山为讨论的对象。山为龙，为气。外国的学者很重视“水龙”，因为他们不能掌握风水的自然环境观，而在表面上河川弯曲近龙，使他们比较容易接受以水为龙的观念。[①]其实“水龙”之说大概产生于明代，是因为江南一带，水渠穿流，而少山岭，故以水代山。“水龙”远不如“山龙”有哲理的意味，具有环境整体的观念。

自地理形势上看，山、水与阴阳相同，是并存的。山脊之存在乃由排水之谷所衬托；水流之存在，乃因山脊所界定。所以有龙脉盘旋之处亦即水流蜿蜒之地这样的解释。所谓水者，不一定是有形的河流，而是指雨来时的水流，即今日所说的排水线。《葬书》上“龙界水则止”的观念是很有道理的，山势停住的原因正是排水线绕过，有了这样正确的概念，风水家们在一片平原中仍然可以看出龙脉之所在，而不需要现代测量仪器。凡是水绕过的地方，必然是隆起之点。所以虽然持水龙说的人批评正统的理论，[②]大部分人仍然是遵从所谓郭璞的看法。

理想的福地大概是到了山脉的末梢，山势平缓，山岭犬牙交错，山谷排水道曲折，水流速度大减，经久而逐渐淤为盆地的地方。这里可能是很多排水道集中之处，汇而为主流而出海或汇入更大之河流，河川在盆地中曲折蜿蜒，缓慢流过，出了这范围又奔流起来。只有在这种情形下，群山围绕之中，才有沃野可言。

---

① 笔者曾于一博士论文中读到以水为龙的说明。外国人一知半解指水为龙者甚多。

② 此说特别为蒋大鸿派的风水家坚持。在蒋大鸿著之《天元五歌》中，特列“水龙”一章，强调世人混淆山水之误。又收《归厚录》一卷，明冷谦注，亦强调平洋与高山论龙不同。以上均见前引蒋国宗订《地理正宗》中。

反过来说，如果某地之水入处为一条河流，竟分数口流去，或虽未分流，开口宽阔，如大肚溪、大甲溪口，则必冲刷而无蓄。水来则一片汪洋，水去则石谷嶙峋，是没有什么生气可言的。不用说作为人类定居的环境，或祖先藏骨之处，即使花木、鸟兽都很难栖身。所以短促、急湍的河流不会有福地。风水家说，“水走之玄莫问方”[①]，就是希望水流缓慢，如一条河流能如“之”字或“玄”字形前进，如同台北盆地的基隆河，则可不考虑方向问题，必然大吉大利了。

这样理想的境界，可能初创于六朝，愈到后代，空间的架构愈为明确，逐渐脱离了实质环境的意义，形成一种中国人宇宙的缩影，一种概念的空间架构。《葬书》中只提到围护的观念，提到龙、虎两翼的观念，至迟到宋朝，今天我们所了解的峦头架构就完成了。朱子曾向他的学生说明北京在古代为首都的气势，就是用这架构来解释的。

由“祖山”层层下跌到盆地，这胎穴在一个小平台上，后面必然有靠山，是与高大的山脉连在一起的。面对着盆地，这盆地亦是愈广大愈好。盆地上的水流绕穴前而过。左右两翼有仅次于后山高度的护卫——青龙白虎；在比较大规模的局面中，龙虎可能有多重。这还不够。自胎穴的所在地前望，远处必须有山岭屏障，使水流出去时曲折而行，水可藏风。这类屏障在近处者不可太高，所以称为“案”。

希望了解中国传统“天人合一”观念的人可能很高兴知道，风水中的“峦头”的结构，有很强烈的“人间”的意味，我们国人观察自然环境不是完全客观地看自然，而是以人为出发点，这是我国人文主

① 亦为《雪心赋》中之语。说法虽略有差异，而同一观念之文字甚多，如《雪心赋》中“论水法者，则有三叉九曲”，注中则云“九曲者，谓之玄水”。《葬书》中最后一句话，“法每一折，潴而后泄，扬扬悠悠，顾我欲留”，其意思是相同的，均见前引书。

义精神的一部分。

要理解自然环境时，我们不自觉地以人所站立的位置为中心，建立自然景物与我们之间的相对关系。所以我们心目中“藏风聚气”的所在，就是一把舒服又安全的安乐椅。靠山就是靠背，左右的围护等于臂靠。盆地为明堂，如同椅前的空间，以便舒服地伸开双腿。“案”即几，是座椅前不可缺少的附件。

如果我们比较这一空间架构与传统中国住宅的关系，就觉得拟人的意义更明确。台湾三合院的正身与护龙实际上是身体与两臂的关系，拥围着院庭。院落实即“峦头”中的明堂，在大门必有影壁，即等于明堂远处的案山，以免“直冲”，使水流曲折。很有趣的是，台湾的农村大宅常有多重护龙，[①]为大陆所未有，特别符合此一空间架构的观念。我必须说明，风水中的宅法并没有强调这一观念，而有另一套价值系统。正因如此，愈觉概念空间对民族思想行为的重要性了。

我们判断地理的构成，不但在形势上是拟人的，而且完全依赖目光判断。风水家走到现场，并不用测量仪器，也不参考航照图，而是靠视线判断，因此在视觉上可能产生的偏差很大，受透视的影响，距离的判断很不正确。在风水术中的“砂”，即龙身构架主体之外的一些山头。据风水上的说法，它们对穴之吉凶有很大的影响。[②]但它的影响与否，完全视其能否“照”穴。所谓“照”，就是用人眼可以看到的

---

① 台湾的大宅见 Dillingham：《台湾传统建筑的勘查》，1970 年；及汉宝德、洪文雄：《板桥林家宅园的调查、研究与修复计划》，1970 年，台湾台中，境与象出版社。

② “砂”的重要性有不同的说法，或以龙为主，砂较次要，或以砂为决定祸福之依据。一般说来，愈到后代，对祸福之判断愈求精确，砂之重要性愈增，繁复之处，使风水终成为不可解之迷信。风水家称“消砂”，即为后代论砂渐忌大凶煞，因煞、砂同音，故以“消”其凶煞为首要。

意思。一个根据人体坐姿所臆造的环境，又用眼睛去测度，就是合乎“人类尺度”的理想环境架构了。

这样的环境观虽未必能与我国的诗文精神完全符合，但与我国后期园林艺术确属同一原则；曲折的、隐藏的、悬奇的空间观念贯穿于环境的美术中，成为中国精神具体表现的重要的一部分。

让我们用台湾的例子来说明风水峦头原理如何在实质上与概念上把环境与祸福连在一起。依照风水家观察“龙脉”的走向，我国的山脉自昆仑山而下，分为三支，台湾虽为一海岛，却可说是南支中的尾端。南支是长江与粤江的分水岭，自川黔而东来，蜿蜒于湘赣、粤桂之间，到福建的武夷山俯瞰东海。[①]台湾不是漂在大洋中的孤岛，那样就没有福泽可言了。台湾是南支龙脉自武夷入海“过峡”再昂首跃起所形成的宝岛。

自风水上看台湾的条件就再明白也没有了。台湾岛“过峡”跃起时打横收身顿住，回首顾祖。[②]又因“祖山”力长，奋起的高峰插入云霄，福力雄厚、深长。

这些话解释成可以了解的语言，只要有反面说明就可以了。台湾如不过峡自然就不能成为海岛，不用说美丽的宝岛了。“过峡”可以脱“煞”，成为秀丽的形貌。大陆上南支的山势龙盘虎踞，气象雄伟，如金门太武山，但谈不上秀丽。如果台湾连在陆地上，不过是南脉之枝脚，就谈不上成大器了。

台湾岛跃出水面后，与大陆海岸线路略呈平衡状，是转身的姿态。

---

① 自宋以来，风水家如朱子即以全国山脉的体系看龙脉，明以来的重要风水著作均以此开始讨论，其要者，如前引之《地理人子须知》，分析了历代首都之形势。

② 风水中之山水，贵在交缠，必须“山大曲水大转”。如山脉一线直落，水不可能交结，所以“回龙顾祖”是很必要的。见前引《地理人子须知》上册卷一，页 10。

转身而似回头遥望大陆上的祖山，由于转身，台湾的龙脊在东，平原在西，面向大陆。很显然，这是决定台湾为宝岛的基本环境条件。它不仅造成了大陆合一的局面，只要推想台湾西部平原改到东部会成什么情状，就可知此一条件的重要性。若本省的农业区暴露在常年海风侵袭之下，或在未经中央山脉阻隔的台风肆虐之下，还有什么宝岛可言呢？又如果这龙势顺行打住，没有打横，又会有什么结果呢？必然在中央山脉的两侧受风，全岛无可聚蓄之处，也就无理想的生聚之处了。

中央山脉高耸是台湾有别于一切亚热带海岛的特色。它不但包含了各种气候的地区，而且屏障了西部平原，使岛上龙脉起伏，枝脚纠结，在实质环境上出现了变化，形成了大小不同的各种“福地”的局面。设若台湾如同一般海洋岛屿，则其情况可与目前澎湖比较，必然是秃山濯濯。即使没有海风肆虐，亦必如南海岛屿，经年潮湿，或瘴泽弥漫，大家只好住在树枝上，摘果子为生，还有什么发展可言。

风水家大多认为台北市是台湾岛上最大的福地，怎么解释呢？

以玉山为脊的中央龙脉，起伏腾跃，向北方奔去，到了北部分为两支，一走宜兰、基隆，转而向西，自金山至阳明山，至圆山入首，外支则到关渡起顿而壁立。另一支走苗栗、新竹北上，略向东转，形成一列山，再迤逦东向，到观音山入首，与关渡隔淡水河形成对峙的局面。这两支在进行中，均“披甲、带库”，沿途形成了不少的小局面，在近台北平原时，北投、天母一带及木栅、永和等地，均为形势大好的福地，结“地”连绵。但真正的大地乃台北盆地本身。[①]

---

① 对台北市的解释，可见于多位现代风水家的著作，本文所记为刘星垣先生之说明，其意约略相近，虽细节略异。

新店溪会淡水后，河面加宽，蜿蜒曲折，形成台北盆地的主体，同时也形成台北市正向之环抱水。基隆河为上支龙脉之界水，之玄委婉，至圆山强渡，断开水门，汇入淡水河。

风水家认为圆山下之中山桥为台北市封闭紧严的内水口，已有狮象守护之貌，而观音山与关渡为台北盆地之主水口，左狮右象，形象宛然，水口之守护尤为动人。[①]

对于台北市的推断，自然很难求证。但以自然的环境来看，台北盆地虽颇有水患，然其为北部仅有的水流舒展、山势秀丽的地带，是无可置辩的。成为全省的首善之区，虽有很多人文条件可以解释，风水家完全归之于地理的形势，似亦言之成理。

峦头派的风水，虽然以山川形势为首，但也很重视理气，所不同的乃是他们解释理气的角度。孟浩说：

> 峦头者山形也，形者气之著，气者形之微，气隐而难知，形显而易见。盖气吉则形必秀丽，端庄圆净；气凶则形必粗顽，欹斜破碎。以此验气，气何能逃；以此推理，理自可测。奚必泥方位之理气以为吉凶也。……殊不知阴阳五行之理气即寓于峦头之中……形即理气之著也。故观峦头而理气可知。[②]

---

① 风水对砂形十分重视，与国人装饰方面之象征完全一致。左龙右虎是最尊贵的护卫。《葬经》中即有一节以形判断穴之吉凶，至后世则推至砂形。《雪心赋》中卷四专言“形”，开卷第一句就是“物以类推，穴由形取”，可说是以形判吉凶的理论基础。本文因以环境架构为主，未曾仔细讨论，将于另文中申论之。或以峦头为“形象”，可知形之判断虽不免附会，却被认为最重要之准则。

② 孟浩：《峦头天星理气辩》，见前引卜著《雪心赋》前言《辩论三十篇》，页10。

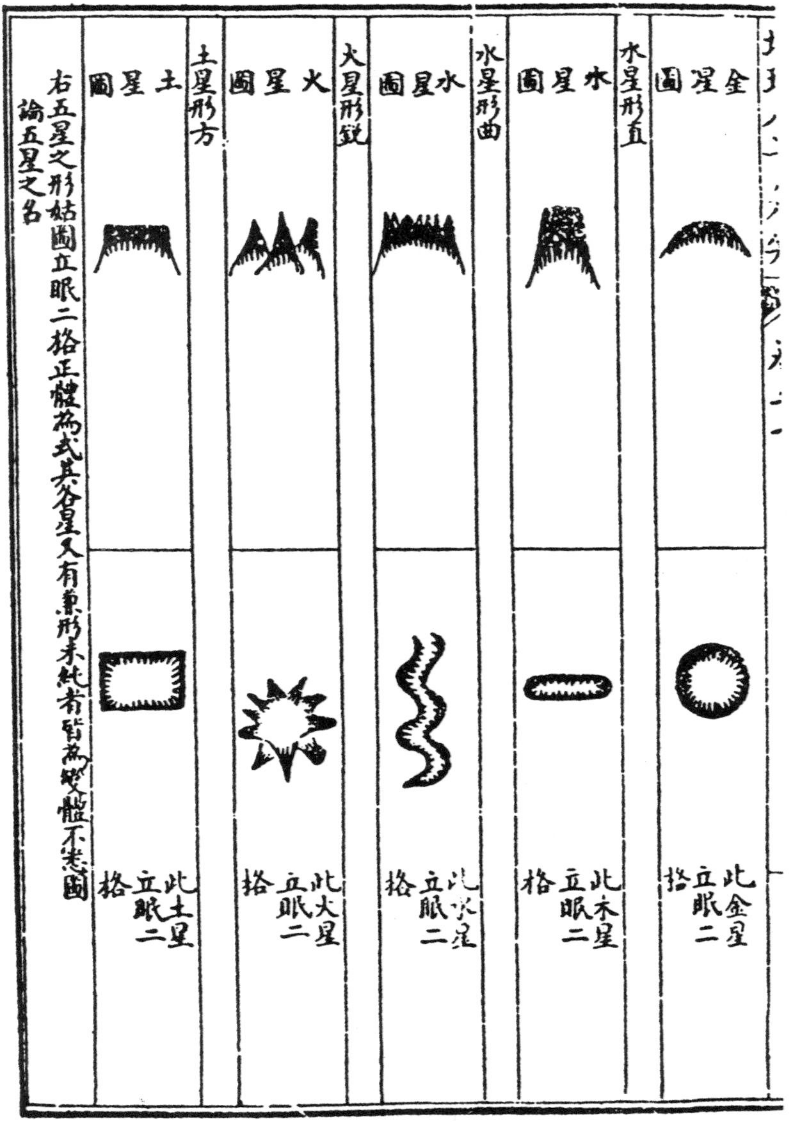

金星圖

此金星立眠二格

木星形直

木星圖

此木星立眠二格

水星形曲

水星圖

此水星立眠二格

火星形銳

火星圖

此火星立眠二格

土星形方

土星圖

此土星立眠二格

右五星之形姑圖立眠二格正體為式其各星又有兼形未純者皆為變體不悉圖

論五星之名

·《新刻地理体用括要天机会元正篇葬经卷之三》书影

在下文中，我们将讨论方位与理气的关系。在这里，孟浩不承认形势之外更有理气，可以称为形势理气一元论。然而怎样自形势中看出理气来呢?

还是自形势上找。形家们把山形水貌按照五行，分为五类，所谓“在天成象，在地成形，星之所临，地之所钟”。通过五行，就把天星的“理”反映到山形与穴形上了。圆为金，尖直为木，平方为土，三角为火，波形为水等，可以看出某一理想地理环境中的性质。在传统风水术中，天星与山形有很复杂的生克关系，但标准的峦头派则取以形相地的态度。前引文中说“气吉则形必秀丽，端庄圆净；气凶则形必粗顽，欹斜破碎”。这话反过来说，即表示形秀丽者即吉，粗顽者即凶，这也是“相地如同相人”[①]的道理。甚至“修竹茂林，可验盛衰之气象”[②]，不但山形秀丽要紧，其上植物的生长可看出生气之所在，就完全与“桃花源”相符合了。

在这种观念下看山形，则五行、九星所代表的意义，恐怕也不过是形式的和谐而已。事实上，天星反映在地势上的形状，其吉凶就可以其外观的丑恶来看的。[③]

---

① 引自卜则巍之《雪心赋》，见前引书卷二，页10。

② 同上引，卷三，页2。

③ 风水中，吉星之形象即端庄圆净，如贪狼木、巨门土、武曲金，形高大，或平宽，或圆浑，均以端庄胜，而破军金、禄存土、廉贞火等山形均粗糙破碎，复杂之山形亦可以形貌相之以定吉凶，因与本文主旨无关，故略。

五　天象的缩影：易卦与数理

风水中的原则除了“峦头”之外就是“理气”，也就是“向法”。我在前文中推断，向法开始在先，且一直是通俗风水术中的主流，与易卦与卜筮星相关系密切，到宋朝以后受理学家的影响才套上“理气”这样哲学意味的名称。“理气”就逐渐与“形法”脱离关系，成为卦向专用的名词了。[①]“理气”怎么解释呢？北宋以演易闻名的理学家邵康节有一段故事说：

> 先是于天津桥上闻杜鹃声，先生惨然不乐曰：“不二年，南士当入相，天下自此多事矣。”或问其故，曰：“天下将治，地气自北而南；将乱，自南而北。今南方地气至矣，禽鸟得气之先者也。”[②]

这段故事虽与风水无关，可知理学家对气的看法：一、天下之治乱与气之行向有关；二、气之形向影响禽鸟的鸣声；三、鸟鸣的声音可以传达此种消息。有这样的观念，风水的理论就可以成之了。

---

① 理气就是后世所称之“向法”。但持“向法”者均同时相信“形”，故向不能独立于山水形象架构之外，乃于形象之上连用卦向也。

② 见前引《宋元学案·百源学案》，页 56。

然而风水上依据的理气是照朱熹的解释。《朱子语类》中说：

问：理在气中发见处如何？

曰：如阴阳五行错综不失条绪便是理。若气不结聚时，理亦无所附着。……理气本无先后之可言，然必欲推其所从来，则须说先有是理。然理又非别为一物，即存乎是气之中。无是气，则是理亦无挂搭处。……有理便有气流行，发育万物。①

他指出“阴阳五行错综不失条绪”就是理，是相当近乎科学的看法。②这里表现在气上，因气能发育万物，就是“生气”了，而他更进一步，是提到“理”与“数”的关系。

问：理与数。

曰：有是理便有是气；有是气便是有数。盖数乃是分界限处。③

照这段话，则气表现在数上。数既为理、气的代表，它又是什么呢？它不是数学，而与后世所说的“命”较近似。他又说，“气则金木水火”④，则又回到五行的关系，可见他说的“数”是相当抽象的。然而在宋代，理学家们开始演“数”。那就是他们所推演的河图、洛书之说。

---

① 见前引《宋元学案·晦翁学案》，页254。

② 见前引李约瑟：《中国之科学与文明》中译本第三册，页218。朱子有一定的科学头脑，所以可以推想到宇宙的起源及地球为圆形。

③ 见前引张伯行辑：《朱子语类》卷一。

④ 同上引。

“河出图，洛出书，圣人则之”是中国很古老的传说。[①]所谓图、书，只是两个数字排列的纵横图而已。这两个图就成为古人玩弄数字游戏的推断命相吉凶的依据，与五行生克占有同样重要的地位。

邵雍著《先天图说》，也是自数之理求天道之理。所不同者，易卦有顺序观念与空间（位）观念，不尽为算术之数。周敦颐之太极与邵雍之先天图，据说均传自陈抟，为后世风水与命相家之理论根据。至此可以明白何以“理气”竟转为阴阳、五行、河洛、八卦之繁复的推演与运算，又被称为“向法”的道理。

所以这“数”是冥冥中支配万物运行的一种原则。若隐若现，有时会为贤者所掌握，一般人是无法了解的，[②]当它出现时乃出之于易卦、图、书、数字的形式。而其运作则要以阴阳交会、五行生克、数字合十等观念来达成。

阴阳是生生不息的力量之源，“二气交感，化生万物”[③]，是理学宇宙论中最基本的观念。“孤阳不生，独阴不成”，不生就是凶兆了。但阴阳是一种自经验中悟得的观念，雄雌交配而生后代为切近的经验，要推而论万物就很不容易。比如日为太阳、月为太阴，两面并不相交。

---

① 李约瑟《中国之科学与文明》中译本第四册第10~16页中讨论河图、洛书的时代甚详，但究竟河图为十数，洛书为九数，抑二者相反，到后世一直未有定论，一般均接受洛书为九之说，排列见后文。

② 后世民间相信有才能的人就是能阴阳数术的人，如对诸葛亮与刘伯温等神化，即存有此心理。

③ 为周敦颐《太极图说》承《易·系辞传》中之观念。天以“阳生万物，以阴成万物”亦为周之说法。周以阳、阴为仁、义。见前引《宋元学案》页74。然宋儒对阴阳之看法亦有差异。如二程认为阴阳为气，为形而下者（见《宋元学案》页86、页112），对易“一阴一阳之为道”提出解释，张载强调阴阳之循环变化（《宋元学案》页143），朱熹则认为阴阳为一元，“阳之退便是阴之生”（《宋元学案》页155）。宋儒讨论阴阳用心思在理上，风水家引用，就觉通俗，然确反映他们不同的看法。

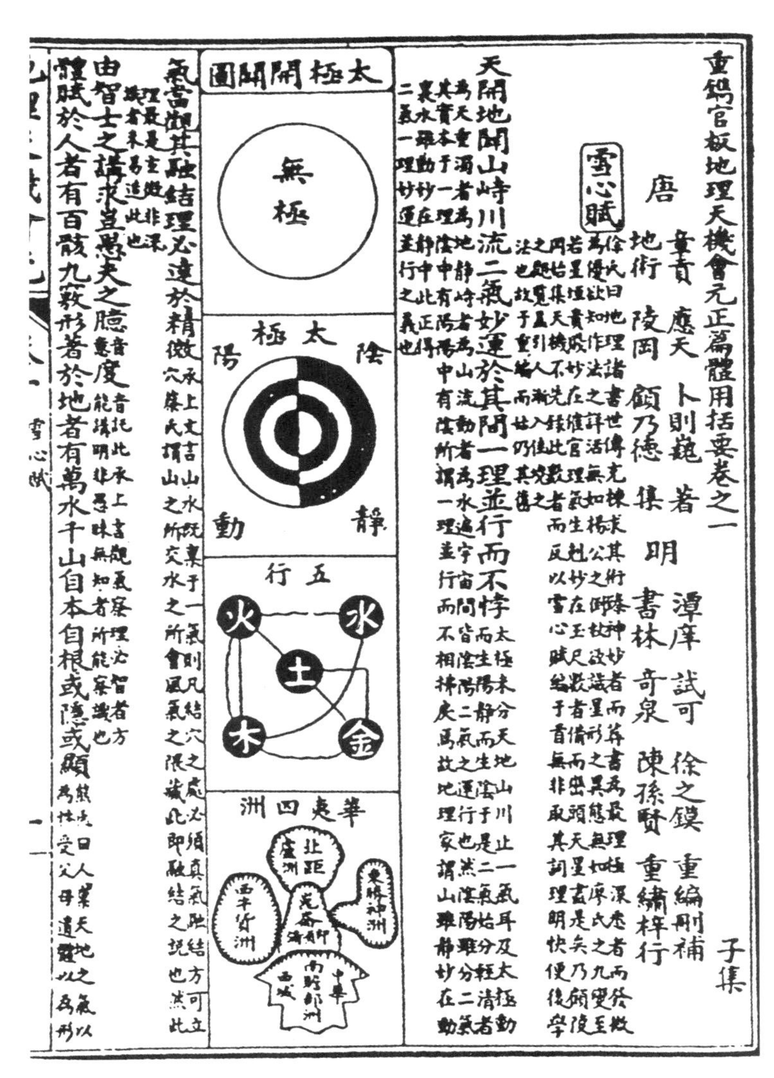

重鐫官板地理天機會元正篇體用括要卷之一　子集

唐　章貢　應天　卜則巍　著

地術　陵岡　顧乃德　集

明　書林　譚庠　試可　奇泉　徐之鏌　陳孫賢　重編刪補　重繡梓行

雪心賦

天開地闢，山峙川流。二氣妙運於其間，一理並行而不悖。

氣當觀其融結，理必達於精微。由智士之講求，豈愚夫之臆度。

體賦於人者，有百骸九竅；形著於地者，有萬水千山。自本自根，或隱或顯。

·《重镌官板地理天机会元正篇体用括要卷之一》书影

所以阴阳的价值系统是不很清楚的。后来的风水术中有纯阳、纯阴之说，就是观念混淆的结果。

五行说是传统中国最重要的思想体系，自然也是风水术立论的基础。今天看来是一种前科学的思想，一种宇宙万物元素的理论，与古希腊的四元素说没有两样（他们的四行是水、火、空气、土）。[①]然而有了元素尚不够，更重要的是找出它们之间的关系。“关系”是我国思想最重视的。事实上，我们要建立元素论，乃因寻求宇宙万物间的关系，以解开生、死之谜。这关系就是生克论。

从今天的环境理论看，五行生克实在就是一种概念性的生态理论。我们古人观察万物，发现物物之间，有相生相成的关系，也有相克相制的关系，因而万物之间才存在着和谐与均衡。虽然我们好生恶克，然宇宙只生不克就不能维持平衡。故这生克的关系正是宇宙生机的奥秘，中国人称为“天机”。

五行乃指木、火、土、金、水，顺序有多种，李约瑟曾加详细讨论。[②]上面所提的顺序乃相生序，即木生火，火生土，土生金，金生水，水生木。这大约都在我们的经验范围之内。（金生水可能因为古人见到金属器皿上易凝水珠而推想的。）相克的顺序则为木克土，土克水，水克火，火克金，金克木。这些亦大体在我们的常识范围内。（土克水乃我国以堤治水所推演出的。我国有句话是“水来土掩，兵来将挡”。）

五行生克的关系乃我国自古到今最被普遍接受的价值观念。万物均有五行的属性，人亦均有与生俱来的五行的属性，五行间的生克，

---

① 见李约瑟对东、西“行”之讨论，《中国之科学与文明》第二册，页405。

② 见上引书页418。古人论者亦多，如朱元升《三易备遗》亦谈五行异同，见《古今图书集成·经籍典》，页591。

无形中成为万物与人间现象内在的动力，在风水术中，无时无刻不参考此一关系，任何吉凶的判断必先经历此一运作过程。

至于“数”，宋代以来哲学家们亦演而为吉凶判断的准则，其解释至为繁杂，[①]大体上乃自河图、洛书推演而来。由于大家所玩弄的不过是一至十的十个数字，所以各人的解释均不甚相同。比如前文说过，奇数为阳，偶数为阴，但自阳仪、阴仪的关系看，[②]一二三四为阴，六七八九为阳，五与十是成数，不计在数字运作内。很难想象学者们如此认真地研究这些原始的玄学的游戏。在理气中，“数”大多倾向于阴阳相配为吉的观念。据说河图中出现的十个数字，是两数成组出现的：一六在下，二七在上，三八在左，四九在右，五十居中。一组不论以奇、偶释为阳阴，或以左、右仪释为阳阴，均为阴阳相配。请注意这些成对数字之间大小之差别均为五，这就是相生相成的关系。[③]除此以外，两数之和等于五，或十，或十五者，都是相生相合的关系，否则就是不吉利的关系。洛书乃是纵横各十五的方阵。[④]

---

① 数之于吉凶，似自宋陈抟、刘牧等人始，他们认为孔子赞《易》之用意，在“举天地之极数，成变化而行鬼神之道”。见刘牧：《易数钩隐图序》，载《古今图书集成·经籍典·河图洛书部》，台北鼎文版，卷五五，页547。

② 如将先天八卦与洛书九数重叠，则三画卦之下爻为阳者为阳仪，下爻为阴者为阴仪，则一六七二为阴，八三四九为阳。同时，如以三画卦中之初爻决定阴阳，则一二三四为阴，六七八九为阳，即以男女分合于河图生成数之说。数有河图、洛书之排列，卦有先天后天，又有横图、圆图，因此数与卦重合之机会很多，以之定数之阴阳都可言之成理。

③ 子华子《天道》篇说：“天地之大数莫过乎十，莫中乎五，五居中宫以制万品，谓之实也。”见《古今图书集成·经籍典·河洛部》，鼎文版，卷五五，页584。

④ 宋儒讨论数字，对十与五有特别看法。又以河图之数和为五十五，洛书数之和为四十五均有特别意义，不断加以讨论，又《易》曰，大衍之数为五十，颇令宋儒费解，盖五十五为天地之数，何以大衍为五十？见《朱子易说》，载《古今图书集成》，鼎文版，页587。

前面简单地介绍风水中吉凶判断的基准。这些怎与“向法”发生关系呢？要通过八卦。

八卦是远古时代，混合了信仰与实用价值的象征。有一种说法是伏羲氏观察鸟兽之文而画卦，[1]是把卦视为文字起源，而术数家多认为“卦为自河图发展而来”[2]，持有数、卦同源的说法。

在今天看来，数、卦同源似乎是一种附会，因其性质完全不同。易卦乃由阴爻、阳爻错综排列而成，以描写大自然的一些基本现象。它与五行的性质类似，只是因为发明的时代早，利用的元素较不抽象而已。天、地是人类生存的大环境，水、火是原始人即赖以生存的元素，山、泽是生存环境的表象，风、雷是作用于环境之上，使原始人震惊的自然力。所以用三画卦排列成的“先天八卦”，实在是自然环境的描写。所以才说：“天地定位，雷风相薄，山泽通气，水火不相射。”其中只有水、火是与五行重复的。

为了具体说明先天八卦的概念，我们可以把它看作主体的宇宙的坐标。我们假想一个垂直轴，即乾坤定位；上为天，下为地。然后假想一个水平轴，一端为水，一端为火，而坎、离代表冷热之两极。与这两轴成四十五度的两条斜线，一条代表着动态天象的震、巽，即雷与风，另一条代表着静态的地象的艮、兑，即山与泽；它们是发生在这坐标上的现象，并没有空间意义。所以有人说，“先天是宇宙万物之体象”[3]。

---

① 八卦之来源或曰来自河图、洛书，或曰伏羲氏仰视俯察而作，又曰出于蓍，欧阳修据以认八卦非圣人所创。见欧阳修：《童子问》，载《古今图书集成·经籍典·河洛部》，页 584。

② 《汉书·五行志》认系刘歆的说法。

③ 即“先天为体，后天为用”之说，为术家的看法。见王德熏：《山水发微》，页 38，第八节“先、后天之区别”。又见蒋国宗：《后天说》，载《地理正宗》。

有人说，后天八卦是文王所演的。所谓“后天”，不过把“先天”直接的形象描写加以推演，使其抽象化、符号化，以便代表更多的意思，使用到更广泛的对象。这与中国文字的发展是相同的。为了达到这目的，一方面推演了三画卦的含义，同时又重复了三画卦，构成六十四卦，成为占卜的依据。

自先天到后天之变，对我们所关心的风水，最重要的是在观念上，后天卦位的安排，开始代表了方位。

据说后天卦的来源是根据《易经》上的一句话：“帝出乎震，齐乎巽，相见乎离，致役乎坤，说言乎兑，战乎乾，劳乎坎，成言乎艮。”这话的解释颇费思量。然而后人就把它当作一种顺序，重新排列了八卦的位置。由于来自空间的顺序，后天八卦已明显的在一个平面上运行了。①

我们可以假想这后天卦同样形成了坐标轴，在重新安排之后，只有“坎离”尚在同轴上。由于传统的解说，“帝出于震”是自东方开始（也许受日出的暗示！），坎离恰好落在南北轴上。水火原暗示冷热，故后天卦的方位观念就很具体了。

这后天八卦有了方位，自然是风水家所依据的，可是吉凶的判断又根据上述的三个原则。所以他们必须把阴阳五行与数与八卦连上关系才成，我们在下面分别略加解说。

阴阳的原则比较简单。卦爻中有一阴一阳，故八卦中内在就是

---

① 后天卦之推演有很多说法。宋朱元升之《三易备遗》认为先天卦由河图而来，后天卦由洛书而来，但朱以十数为洛书，九数为河图，见上引《古今图书集成·经籍典》，鼎文版，卷五二，页557。
亦有后天乃自先天推演而来的说法。

阴阳的观念。自一阴一阳，到四个二画卦，是太阴太阳，少阴少阳，再演而为三画的八卦。所以其中在在都与阴阳有关。中国人以家庭为重，就把家庭组织投射到八卦上。理想的八口之家，父母之外，三男三女，恰好说明了八卦的关系。“乾为父，坤为母”是一切关系的基础。

但到了后来，在卦爻的应用上，这原有的关系并不受尊重。所以到明代，有少数术数家反对使用后天卦。[①]失掉了基本原则，阴阳的分配就显得乱了。通常的分配是根据先天八卦上的阴阳二仪来的，在先天八卦上画一斜线，右为阴，左为阳。而坤艮坎巽四卦的最下一爻均为阴爻。同理，在阳仪一边的四卦，最下一爻均为阳爻。其他的原则必须与“数”连起来才有意义。

在“数”上，原则以奇、偶分阳阴，但把洛书之数与先天八卦配列（详见后）之后，则发现一二三四恰为阴性卦，六七八九恰为阳性卦，故河图上一六、二七等关系，就是阴阳配合的关系。

五行配卦，就有很多周折：八个方位要用五个元素填满。照说以五行的性质定卦向，并决定其生克的关系，是说不出道理的，只是一种纯粹理数的推演。勉强解释，亦可自大自然现象中寻求。比如太阳自东方升起，向西方坠落，比如西南者热，西北者凉。至于生克，则纯为推论了。

《易经》本无五行之说，宋代以后，学者们开始设法结合二者。他们的观念是在河图的数字关系上，一举而把卦位与五行解决。河图是五对数，成十字形排列。五对数就配上五行，很顺理成章，因为汉代

---

① 蒋大鸿以先天六十四卦为玄空大五行，但是派的著作中仍以后天八卦罗经为用。

就有五行配四向的观念（东木、南火、西金、北水、中土）。如果把后天八卦与方位五行叠在一起，则已得坎水、离火、震木、兑金四种关系。以太阳运行的路线看，东南与东相近，西与西北相近，勉强可以解释巽木、乾金的道理。至于土，原居中央，成卦之后，坤为地，艮为山，故为这两卦属土就似理所当然了。

但是五行与数的关系没有改变：北，一六，属水；南，二七，属火；东，三八，属木；西，四九，属金；中，五十，属土。

洛书是一至九排列成的纵横均为十五的方阵，古人视为神奇的天机。中国古人的排法是九上一下，左三右七，左斜为四与六，右斜为二与八，中央为五。与先天八卦排起来，就得到坤巽离兑、艮坎震乾的阴阳序。卦与数字的关系，就是坤一巽二，离三兑四，艮六坎七，震八乾九。很显然这卦位和数字与河图中的数字五行互有出入。这就是风水术中众说纷纭，人人均有依据的道理。

让我们以传统宅法风水说明以上原则的运用。

风水家习于把住宅分为东四宅、西四宅，为以后天八卦为准。东四宅者即以坎与居东、南角的震巽离为坐山的住宅。西四宅即以居西边的坤、兑、乾与居东北的艮为坐山的住宅。阳宅的风水以坐山为主卦，[1]如坐北朝南，就是坎宅。而自古以来，开门立向以纳气，就是风水上的基本原则，所以宅法之吉凶，主要考虑该宅卦与主向卦是否相合。其考虑的原则正是五行生克，与数字合十或合五。

先以五行来说。东四宅的卦位关系，主要是木与火、水与木的关

---

① 宅之主卦有三说，一为以坐山为主，一为以门向为主，一为以命宫为主，以三者必须相合，故吉凶推断相差不大。

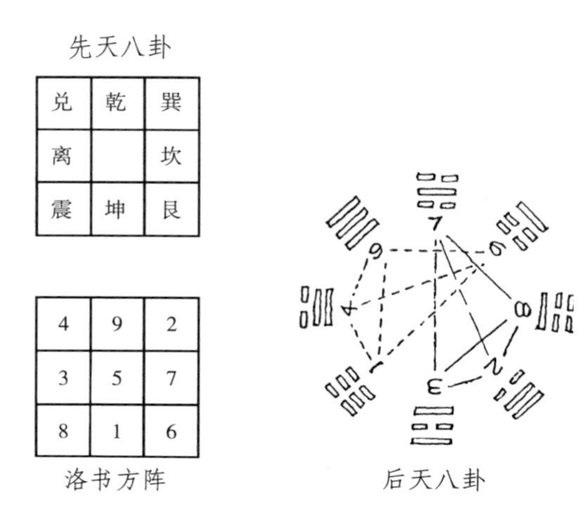

洛书方阵　　后天八卦

系。坎离虽似相克，却是先天定位的关系。西四宅的卦位关系更为单纯，完全是金与土的关系。如果东西相混，就造成卦气[①]的不适，形成金木相克，或木土相克的情形。这样解释似说得通，但如我们问，坎为水，金水相生，为何坎不能与西四中的乾兑相合呢？这就要找“数”的理由了，只有五行相生是不够的。

自后天八卦图上，我们可以看到每一位均有一数。这是自先天卦与洛书相叠时得来的，两卦数相加，凡合于河图上相成的关系的（相差为五）为上上大吉。凡合于成十的关系的，亦即先天八卦成对的关系（乾坤、坎离、震巽、艮兑），亦为吉利的。凡合于成五或十五的关系者，为次吉，至于本卦自身的关系，是没有吉凶的意义的。为篇幅所限，我们就不去讨论相克的卦数了，其凶的程度亦因不适当的数

---

① “卦气”实即阴阳之分，数字之洽合。《辞源》“卦气”条：“艺术家用八卦配洛书数，以奇偶分阴阳，亦为卦气。”其说并不完备，气通数，以数解释较佳。

来决定。[①]

在传统的社会中，一切吉凶的推断归之于天。所以数是天数。为了使天的形象具体化，风水家把阳宅中的生克关系起了几个星象的名字，使人充满了神秘感与恐惧感。那就是把相生的三种关系名为“生气贪狼星”“延年武曲星”“天医巨门星”，把相克的四重关系称为“绝命破军星”“五鬼廉贞星”“六煞文曲星”“祸害禄存星”。总计为七星。这七星就影射环绕北极旋转的北斗，是古人观察天象，推想天人关系的依据。七星加上北斗柄旁的二颗小星，又称为辅弼，共为九星，在八卦各方面上，辅弼合称一星，又叫伏位。[②]

以坐北朝南的住宅为例，坎为伏位。七星运转，贪狼星落在东南方，亦即巽方，贪狼为生气，为上吉，故于东南方开门，以纳生气，这就是北方的住宅大多于东南方开门的原因。以数而言，河图上二七同宗，坎为七，巽为二，故为上吉，南方之住宅多正面开门，即坐北朝南开南门，北为武曲星，为延年吉星，而数为合十，亦为吉向。如在西南，则为廉贞星，为五鬼凶向，为最凶之关系。在传统的阳宅风水中，[③]灶是很重要因素，故要与门、主相生无克，故也要坐落吉方。

---

① 详论见前引王德熏：《山水发微》，页 335。王氏该书对卦数之讨论最为详尽，与一般术书中仅重歌诀不同。

② 笔者迄今未能找到九星名称之来源。把生克关系订名为星象，乃笔者为方便计所假定，至少在传统阳宅风水中可沟通卦气与术家俗说，国人重关系甚于个体，此假说似亦可通。宋代以前虽有九星之名，其吉凶似并未完全定位，故有九星变之说，代表吉凶意义之“生气，天医”等，为“八变”，见前引张谦著《校正地理新书》。

③ 传统阳宅风水的代表为赵九峰《阳宅三要》，该书出版于清康熙年间，有台湾瑞成书局翻版。该书之原则简要而明确，但后人显然认为太简单，各有新说。如赵九峰以门、主灶相配为之，而有人认为灶之位置应设凶方，以压凶，等等不一而足。在传统风水中亦有分别。如赵九峰以“门”为阳光之首要，而在乾隆末期出版之《八宅明镜》以“主”为首要，对灶之看法都不相同，他的说法是灶的位置要压住凶方。

如房子坐北朝南，即坎主巽门，灶以东南向、东向、北向为宜。其道理是相同的。[①]

到后来，这九星的形象脱离了数理，后世的风水家与命相家合流，把它们各赋以五行的属性，如贪狼为木，武曲为金，巨门为土，破军为金，廉贞为火，文曲为水，禄存为土等，使它们如星辰一样，运行于洛书与八卦的九宫之上。星在上运行，宫为地上方位，俨然一种天象的缩影。

到此，让我们谈谈时间因素的介入。

前文我们使用最普通的阳宅卦例，解释理、数在环境吉凶判断上的意义。而风水学之繁杂则在于后世的好事之徒把环境中诸多物象与方位的错综关系无不纳入，而又无不具有象征吉凶的意义。依他们看，细微之差，祸福立现，虽不免予人以故神其说之嫌，而人生遭际中之机微，却亦借此表露无遗。

风水之吉凶加入时间的观念乃为必然之事。在常识中，我们知道“祸福不常”，而实质环境则不常变易。如吉宅有绝对性，何以主人之际遇有变？所以俗语说，“风水轮流转”，古人研究风水，自然注意到这一点。

古人称时间的吉凶关系为“日法”，亦称为“选择”。[②]其起源至少可上溯至周代。但早期的“选择”，仅在于算（或卜）某一时间与某一行

---

① 即使这样简单的原则，在实际操作起来，仍然有很多不同的看法。比如判断一座住宅的吉凶，与罗盘上的方向有关，而罗盘放在何处，会有相当大的不同。有人主张放在天井中央，现代有人主张放在住宅的几何中心，真是不一而足。盖一种不能证明的前科学的方法，赖于操作者个人之判断，而均能言之成理。

② 在明代《阳宅十书》中，“选择”占有相当的篇幅，但其“日法”仍然是行动吉凶的推算。见《古今图书集成·艺术典·堪舆部》所收《阳宅十书》。

动之间的关系，所以严格说，与风水的关系不大。我们可以想象，早期日法与葬法或宅法发生关系，在于下葬、迁宅、动工、上梁等行动与时日吉凶的推算。这一关系直到今天仍然存在，而且为很多人信守不渝。

时间成为风水观念中不可分割的一部分，不知自何时开始。我推想，自使用二十四向盘时就隐约地结合时空的向度了。二十四向盘始用于何时没有明确的记载，然而我国自殷商时代已用天干、地支纪日，[1]结合干、支与八卦可能于汉代已开始了。[2]

也许用十二地支表示空间的十二方位，比后天八卦还早，所以二十四向盘是以十二地支为基础构成的。地支就是中国传统计时的十二个时辰，本身兼有空间与时间的性质。子时乃指半夜，子位乃指北方；午时乃指日中，午位乃指南方。

天干与地支相对，其来源应该与日行有关，本身就有时间顺序的意味。后来受易数思想的影响，将河图十数同戊己二干置于中央。因此天干不但有了方向，而且跟着方位亦有了五行的属性，与八卦相通。这种时间与空间的重叠，与西人喜用钟表面计方位是一样的。[3]

后世把后天八卦、天干中的八干重合在十二地支的向盘上，得到

---

① 干、支纪日至少可上推至殷代，春秋战国所纪干支均与后代连续。见朱文鑫：《天文学小史》，商务人人文库，1970年版，页13。

② 李约瑟在其《中国之科学与文明》物理学部分，曾用相当长的篇幅讨论磁盘在中国之发展。该文中引用了王振铎的研究，指出汉代有一种占卜盘名曰“式”，是方形的盘子与较小的圆形盘子的交叠，方盘上最外圈为二十八宿，然后为地支，再内为天干与八卦。圆盘则以北斗七星居中，其外为北斗七星的名称，再外为二十四向，后于圆盘之上加以勺状指南针，方为地盘，圆为天盘。天盘之碎片曾在朝鲜墓中发现，如此为实，则汉代确已有今天所见之罗经，只是其用途不同。见《中国之科学与文明》第七册400页以后。

③ 有关干支与历数的关系及其起源的讨论，见李约瑟前引书第五册，页359起，“六十甲子循环”一节。

二十四向盘。二十四向为八卦的三倍，为地支的二倍，对于辨向计时自较精确。用二十四作为地球自转一周的计时竟与西方一致，使我们的计时方法实际上可在现代使用。

自八卦到二十四向，依照风水与星相，同样要予每一方位以五行属性。其中最重要的一个步骤，即是纳甲，把八卦与天干中的八干（除戊己）依先天八卦之顺序纳之，即乾纳甲，坤纳乙……其理论甚多，在此不赘。[①]八卦与八干之外，尚有八支，则以“三合”的观念，使东西南北四正向各吸纳二支，如寅午戌，即由正南吸收寅、戌为同类，而“三合”[②]是自时间中转来的观念。

总之，使用二十四盘之后，在风水中随时就有时间的观念介入。自深一层看，我国哲学家非常重视宇宙中常变的道理。堪舆术中的形势是静态的，卦数之理也是静态的，如何因应常变的观念？“易”就是变，反映在八卦或六十四卦上，应该以阐明变的道理为主。古人观察天象，发现星斗转移，益见变必有常理可推，所以在上文介绍的九星九宫等，已有星因时流转的观念。

---

① 纳甲的目的在给予二十四向的各向以卦义，而便推演其吉凶。二十四向中计有卦四，天干八，地支十二。卦本身无问题，天干八均以八卦纳之。所余地支十二，其中子午卯酉即后天八卦中之坎离震兑，亦无问题，所剩八个地支，即以“三合”连通之。三合者，即甲子辰合，寅午戌合，亥卯未合，巳酉丑合。

② 《辞源》“三合”条有二种解释，其一即上注所释，以生、旺、墓三者合局，生旺墓原为命相中的用语，转为风水的水法者。这三向在罗经上呈三角鼎立。如甲子辰均属水。其二为引自《月令广义》，为年月日三合，如申年子月辰日相合。又举《齐东野语》中故事：“淳熙中，孝宗及皇太子朝上皇于清寿宫，周公益诗：‘一丁扶火德，三合巩皇极。’盖高宗生于丁亥，孝宗生于丁未，光宗生于丁卯也，阴阳家以亥卯未为三合，用事可谓切当。”不仅如此，宋为火德，周公益的诗极尽阿谀之能事。这故事一方面可说明三合原自时间中转来，同时亦说明至少在宋代，三合的观念已经很流行了。

时间正式成为风水中的主角，乃从“三元”派兴起时始。[1]“三元”是起源甚早的一种观念，在《隋书·艺文志》中已有以此为名的著作了。后代三元派的风水家认定自己为正统派，乃上溯至汉初，并将历代名家均归于该派。[2]但依本文前面的讨论，汉代以来，历书结合五行，有选择之法，由于使用同样的干支符号，使得空间、时间的联结顺理成章。至于直接使用时间吉凶于地理，而形成一种严密的系统，恐怕是后代的事了。

时间在风水上的应用，先要定一吉凶判断系统。讲究元运的人，认定时间的流逝也是一种循环，所以我国的时间观念，“分久必合，合久必分”是环状的，与西方基督教的线型时间观念有很大的差异。[3]元有循环的意思，运有衰旺的意思。我们可以想象，国人心目中的时间在环状运转中，每有所转动，均影响二十四向盘的吉凶关系，因此使得吉凶的推算变得十分复杂。

时间的环有一个现成的系统，就是干支纪年的系统。这是自汉代开始的。[4]每一甲子是六十年，就是风水家所称的一元，三元即一周天。在一周天中，元有上、中、下之分。每元又分为三运，每运

---

① “三元”风水以甲子配九宫开始，后又加上“天、地、人”的观念，以天为上元，人为中元，地为下元。后来的风水家，又把三元的观念用在向盘上，称“子午卯酉乾坤艮巽”为天元卦，“寅申巳亥乙辛丁癸”为人元卦，“甲庚丙壬辰戌丑未”为地元卦，则“三元”亦自时间转变为空间矣。见前引赵鲁源：《地理玄龙经》。

② 如杨筠松等为各派争夺之宗主，故后世讹托之著作甚多，或有同书异解之情形，如杨著《青囊奥语》即为一例。

③ 这是传统的界说，李约瑟是反对的，他认为中国人有很深刻的历史感，与西方具有同样的线型时间观念。但本文作者认为元运的观念适足以说明中国人的时间观确有环形的性质，虽然在正统的儒家思想中也许不存在。李之说法，见 Joseph Needham，“Time and Knowledge in China and West”，in Fraser ed.，*The Voices of Time*，George Brajiller，N.Y.，1996。

④ 用干支纪年从王莽开始，先于此，仅用以纪日。

二十年。我国“古代治历，首重历元，必以甲子朔旦夜半冬至齐同为起算之端。当斯之际，日月五星又须同度，如合璧联珠之象，谓之上元。纬书名曰开辟”[①]。说明元运的开始，原与天文学的理想有关。中国天文学乃以求得上元为目的。找到一个“开辟”的年代，然后顺甲子等推下来，在天文上，一元即首尾均为“甲子朔旦夜半冬至齐同”，要四千五百六十年。[②]但风水、星相上使用的，则自黄帝纪元起算。如此六十年一元推下来，到1983年为中元，1984年的甲子为下元的开始。[③]

时间在循环，用元运来分成段落，各段落必须赋予不同的属性，才能影响空间中的二十四向。一般的办法是把前面讨论到的九星，按着洛书的宫位排列起来（即一贪木、二巨土、三禄土、四文水、五廉火、六武金、七破金、八左土、九右金），每一星座一运。在这里九星不只有五行的属性，而且有“数”，就可以生克与数理来判断了。《地理玄龙经》有一段话说明九星元运的观念，与星相同源：

> 北斗七星居中。枢、璇、玑、权四星为魁，玉衡、开阳、瑶光三星为杓。魁为斗身，杓为斗柄，斗柄所指为天罡，天罡所指，众杀潜形。然则辅为天皇，弼为紫微，贪为天枢，巨为天璇，禄为天玑，文为天权，廉为玉衡，武为开阳，破为瑶光，皆所以旋

① 见前引朱文鑫：《天文学小史》，页14。

② 同上引，页16。

③ 这种上、中、下元的推算，显然很久前已经开始，明代以来的风水著作，均标明其所著作年代的元。此处所引见前引王德熏：《山水发微》，页328。

转造化，斟酌元气，发生万物者也。[1]

这九星，一二三主上运，四五六主中运，七八九主下运，每运之主星为当运（请注意：本文上节所提九星有吉凶之分，在此则无此意，仅以当运之星为吉），比如自1984年以后为下元上运，破军金当运。在卦位上原为吉利的格局，今因不当运而变凶，而凶位亦可因“时来运转”而成为吉地。合运即在“数”上合十、合五的关系，由时间的运数，配空间的运数。

空间的运数即二十四向盘上当运的方位，说法不一，其中较合“理数”的说法是将方位与洛书九宫的方位重合，如坎为一，壬癸亦为一（一卦管三向）。只是每卦之三向，分为天、地、人三元，其中又有些不可解的规则，在此不多述了。

讲究元运的风水家，很注意寻求能绵延富贵的方位，以免命运很快衰败。最理想的风水，就是所谓“三元不败之地”，可保永久富贵。在常识，这是不可能，也是不存在的。故风水家发明了“换星”法，即在取山定向的时候，虽定于东运之盛向，却可兼有对本运并无不利，而可在下运中昌盛的方向，所兼之运愈久，则主人之发运亦愈久。

元运的观念发展到极端，就是明末蒋大鸿的三元派，第三节中曾指出他是学院派的风水家。他的理论完全上推至《易经》，连接理学之传统，不采用术数家数百年所推演出的神秘难解的复杂系统，完全放弃二十四向罗盘，改用六十四卦之圆图表示空间方位关系。其吉凶之

① 见前引赵鲁源：《地理玄龙经》，卷一，页3。

判断则根据河图之数。这种革命性的看法，虽得到少数人的共鸣，但脱离一般作业的依据，难为大多数人所接受。所以这套原理，再套回二十四向盘，终于演为非常繁复的今天所见的三元罗经了。①

我国在文化的性格上是具包容性的，不同的派别，在当时也许针锋相对，互不相同，但到后世，均纳而一体。儒、道、佛在早期虽有激辩，至宋以后，渐难细分，形成国人多层面的性格，富适应性的人生观。风水之发展也是如此，故愈至后世，术家尽纳前代之理论，希望融为一体，因此风水的体系不但庞杂，而且支离，为常识所不能理解。②

不但在风水术内部有兼并的趋势，且有与星相、命理术兼并的倾向，因为在三元风水中，以洛书数序为基础的紫白九星，把年、月、日均予以星化，不断循环，对应着卦盘，依洛书的顺序来移动，就与星相的观念很接近了。所以到了清朝，就把命相拖进风水中来。③

中国人论命，虽有孔子所说“五十而知天命”的意思，但根本上，是一种对人生定命的看法，在态度上是很消极的。以政治背景看，知

---

① 三元派的风水常有所谓“天机不可泄露”的秘密法子，上引《地理玄龙经》卷一页 15 中说：“按挨星之图，只有无极子授蒋大鸿顺子局一图。其中尚多隐谜，按图索骥，则反失之。……古人之如斯郑重，如斯秘密者，实恐泄天机而遭天谴也。”今之三元派作家，如曾子南、唐正一等均以蒋大鸿传人自居。说法既不相同，在诀窍处均秘而不宣。旧重“向法”者，知其法则甚简单，不得不秘之，使人神秘莫测也。

② 三元派的风水著作中显然已融合了甚多传统风水的原则，因此吉凶判断的方式益显分歧，以王德熏先生所著《山水发微》为例，极具包容性，而几乎承认前代一切说法，归纳而用之，有时不免矛盾。

③ 明代周继等著《阳宅大全》中已有命相的观念，见该书卷三“论福元”节，然仍以修造时日等为主要论命的目的。至乾隆末年出版的《八宅明镜》，则直以“命”为论阳宅之基本矣。两者均见台湾竹林书局翻印版。

识分子认“命”，至迟在紊乱的魏晋南北朝时代就发生了。[1]一生际遇依靠风水，在观念上已经是放弃自己对命运的控制，归之于自然的奥秘。宋明理学盛行，文化归于内向，国人生命中对抗外在环境的奋斗精神为自我反省、自我安顿的性命说所取代，除了少数刚毅之士以孟子的浩然之气为修身养性之本旨外，大多走向认命之一途。到了下层社会，风水就成为纯粹升官发财的工具。所以杨筠松被称为杨救贫，因其能以风水使人发财。宋赖文俊的《催官篇》大为流行，因其葬法声称可决定官运，甚至官职。

把“命”引入风水中，更加强了我之祸福实为天定的观念，非努力所可致。明末政治腐败，天灾人祸频仍，可能加深了士大夫与社会大众相信命运，普遍讲求风水的需要。在通俗的著作中，道德的价值观被引入，勉强维持儒家的尊严。他们认为没有好命的人，即使有大富大贵的吉地，也会失之交臂。他们编出一些故事，证明有德行的人才有好命，会不期而遇吉地。有些风水书籍简直有劝人为善的意思。但整个说起来，人的行为不过是一些幌子，命与风水在技术上不可分割，渐为风水师所普遍接受。

在观念上，“命”之价值比时间之价值更容易被接受，同一住宅，有人住之则吉，有人住之则凶，非住宅之罪也，乃主人之“命”不合也。这样固然使风水术之推演过程更加纷歧，但也很巧妙地为风水先生解释了很多不灵验的原因，使一个原就不能证实的艺术，更加扑朔

① 魏晋以来的消极的无为的思想，就是一种认“命”的思想，就是“乐天知命”的人生观。“乐天知命”是不得已的，要经“养生”才能去悲存乐。故郭象的《庄子注》中说：“夫悲生于累，累绝则悲去。悲去而性命不安者，未之有也。”悲从何来？从紊乱的政治局面中来。参考容肇祖：《魏晋的自然主义》，商务人人文库，台1980年版。

迷离，真伪难辨了。

在技术上，结合风水与命，并没有很大的困难，因为命相学已经很成熟了，命相学告诉我们，每人因生年、月、日、时辰，就有一个命，可用来推断我们的一生际遇。在清代著作中，显示当时的风水中谈命，只要生年就可以了，叫作“三元命卦”。

方法是以生年的上中下元，推定属于何命。用洛书九宫代卦，自甲子起，“倒数顺飞”[①]，算出该命属于何数，亦即何卦，亦即何命。如为一宫，即属坎卦，即为坎命。在阳宅上，已具有水、阳性等属性，倾向于离、巽、震三卦。这样选择住宅的坐向，就有所依据了。

事实上，这方法是相当古典的，后世的风水师大多兼营命相，其融合命相与风水的程度，视术者个人的认识与修为而定。他们使用的原则大同小异，在细节上与广含的程度上，相去则甚远。一切依靠他们的解释而定。后世的风水师多为江湖术士，迷信重于理性，使堪舆原为自天象、地理观察入手的前科学，未能进一步为科学之探索，而沦为迷信，与命相之并入风水不无相关。

---

① 这是“排掌”所使用的名词。过去的命相家为了“捏算”方便，将三元、九宫、八卦全排在掌上。“倒数”即反时针方向数，“顺飞”即顺时针方向飞，数与飞，都是谈干支纪年，倒与顺有男女之别，欲知其详，见前引《八宅明镜》。

第二章

宅法禁忌的研究

一　研究宅法禁忌之意义

在传统的堪舆术中，阳宅所占之部分甚有限，阳宅即住宅，乃对应阴宅，即墓穴而言。据说堪舆之法始于汉朝以前，[①]目前流传甚广的文献中，以东晋郭璞的《葬书》较早，且较可信。该书，顾名思义，为阴宅风水之理论根据。我推想传统的堪舆术乃以葬法为主，阳宅的吉凶是自不同的来源推演出来的。[②]到后来，阳宅与墓穴渐融于一体，但到清代尚不能混为一体。大部分堪舆著作中，阳宅所占不过篇尾而已。到明代始有专谈阳宅风水之著作。印行于明万历十年的《阳宅大全》为一部流传甚广的著作。其中有一段话说：

> 江以南不解宅法，且以葬法解宅法，宅法更不可解矣。解宅法相传始于牛禅……[③]

---

① 后世传说始自黄帝，故有《黄帝宅经》之讹托，但后人多相信风水始于秦之樗里子，认为《青乌经》或《青囊经》产生于秦汉之际。

② 阳宅因与葬法中“鬼福及人”的观念不相关，所以可以推断与《葬书》中的系统没有直接牵连。而自周末以来就有宅子吉凶的记载，可知是自远古迷信中逐渐推演出来的。

③ 周继等:《阳宅大全》，明万历十年，上海石印版之竹林书局翻印版。

这里说明两点：第一，葬法与宅法应该是不相同的，到江南才混为一谈；第二，宅法始于牛禅。前者是很有见地的说法，在此不拟详加讨论；后者所提的牛禅，则不知其时代，亦无法考据。但该文中指出后世称宅法始于黄石公，甚至曾、杨、廖、赖者，大多讹托。明代的作者有此说法，可知宅法在古代是混乱的，一直不能形成清晰的体系。然而到后世，流行日广，而且受到重视。更认为阳宅与阴宅力量不同，而所系尤重，甚至把历朝国都的迁移与邦国的祸福都连在一起了。[①]由于这种趋势，风水对我国民间的生活，有了很彻底的影响。明清以来，我国人民生活在风水的禁忌之中，营建宅舍虽未尽合乎宅法，却被笼罩在"地理师"的阴影之下。[②]到今天，要了解传统建筑，风水几乎成为不能少的知识了。

风水的宅法与葬法相同的，是它们各有一套相当繁复的演作系统，虽然比较起来，宅法比葬法还是单纯得多。对于堪舆家以外的大众来说，不论是无知乡民，或知识分子，演作的系统是没有意义的，风水只是一些禁忌而已。所以把风水的禁忌看成风水的本身并不为过。禁忌是深植中国民心的风水。

这不是说风水的演作系统不重要；我接触风水，也是自体系的了解入手。但是在研究的过程中，发现风水的体系，不但相当艰涩难懂，而且有各种派别，又各自演而为支派，自明代以来，著作确是汗

---

① 论见徐善继：《地理人子须知》，明万历十年，上海石印版，台湾竹林书局影印本，卷六下之二，《论阳基》。

② 我国社会，不分阶层均相信某种程度的风水，早经外国学者发现。见 Maurice Freedman: *Geomancy, Presidential Address 1968*, in Proceeding of the Royal Anthropological Instiute of Great Britain & Ireland。

牛充栋，然无两书完全相通者。[1]从这一角度看，风水是一门无法整理的学问。无怪乎大部分堪舆工作者，不读书亦不认真研究，仅记得若干歌诀。[2]我发现有大部分的执业风水师，不能了解，也不求了解罗经。有些只认得其中天、地、人三盘而已。何况即使是罗经，也有多种，代表了不同的系统观念。我发现，除了禁忌，即使在风水师之间也没有共通的语言。这使我相信，对于系统的研究，固然可以了解风水的所以然，但要了解风水对民间生活环境的影响，则须从禁忌入手。

宅法上的禁忌何时产生的？怎样产生的？恐怕要人类学家做专门的研究。自古籍上一鳞半爪的资料看出，宅法在尚无系统观念可言的时候，先有了禁忌。至少在战国时代，就有不可向西增宅的禁忌。[3]所以这种禁忌与其他来自原始宗教的禁忌，应该是没有多少分别的。后来，易卜与星相的系统开始进入宅法之中，到汉朝，始有了整套的理论与方法。但为了一般民众的了解，理论是没有用的，必须把推演出来的结果，以简单的语言说出，使大家在经营住宅环境的时候，知所规避，以便“趋吉避凶”。这属于迷信是没有疑问的，在东汉时代，学者如王充就为文抨击了。

近几百年来，宅法几乎完全歌诀化、禁条化，以便风水师与民众都可以记忆，可以琅琅上口。即使知识分子所推演的结果，也必制成

---

① 明代以后之著作多为作者根据一自全之系统推演出来的。基本精神虽相同，推演之结果则互异。又自“向法”因与易理相关受到重视以来，风水家所建构之方法，在系统上太过简易，因此常将重要的一部分秘而不宣，称为“天机不可泄露”。

② 一般执业的风水师多不读书，而仅背诵歌诀。本文作者所接触的几位风水师均同，仅有少数风水师是有研究意味的，但所读书亦不广。

③ 见王充：《论衡·诘术篇》。此文亦收在《古今图书集成·艺术典·堪舆部》，六七九卷。

歌诀的形式。可以想象风水理论与民间习俗产生了交互影响的关系，而这些禁忌所形成的固定观念，口口相传，绘声绘影，因而深植人心，无形中影响了居住环境的塑造。

把风水当作研究的材料，是外国人开始的，至今已一百多年了。①他们因身为传教士，深入民间，能通方言，对于风水与人民生活习俗的关系，有深刻的体会。他们的记述与报道是就事论事的，所以是很好的研究的素材。同时他们也是学者，有些报告是很有系统，而且相当完整的。②但一般来说，当时的外国人，把风水当作中国宗教系统的一部分，也就是看作一种迷信，并没有留意到它与中国文化间更深刻的关系。

李约瑟是现代学者中非常重视风水的研究者。他自科学的角度着眼，把风水当作中国天文、航海科学的一部分资料。他是爱护中国文化的学者，不肯说风水是一种伪科学，而看成为前科学。他对天主教人士到明代宫廷中毁掉早期的堪舆著作，认系对中国科学史不可原谅的破坏。③

外国学者，不论是过去的还是现在的，都不注意禁忌。他们由于思想背景之故，都倾向于系统的研究，对于禁忌，他们就当然看作落

---

① 19世纪60年代以后，中国的风水就在西方的学术著作中出现。1872年，以“风水”为题的文章出现于传教士学报中，作者为Joseph Edkins。

② 其中以高延（Jan Jakob Maria de Groot）于19、20世纪之间出版的《中国宗教体系》一套书中，所介绍之风水最为完备。把山水、理气、简史等均予说明，高氏通古籍，对中国古书多所征引。*The Religions System of China*, V.3. Book Ⅰ, Part Ⅲ, Ch. Ⅻ, pp.935～1056，Leiden，1897.

③ 李约瑟：《中国之科学与文明》，吴大猷、李熙谋、张俊彦译，台北商务版，1976年1月，第七册，页390～400。

后民族的现象了。而我国清末以来的知识分子在骨子里是很痛恨迷信的，所以没有人认真地研究这类问题。[1]中共是继承现代主义的思想的，对风水严格禁绝，大陆所剩的风水著作恐怕都已被毁了。台、港及海外的中国人，对风水有兴趣的人很多，不幸大多是传统的牺牲，他们相信风水才研究风水，跳不出风水的工具性。

年轻一代的风水研究者，都是宅法的支持者，因此他们着眼于应用，对于现代都市社会的公寓住宅有特别的兴趣。但是他们忙着把传统的宅法加以改造，或予以解释，以适应今天的社会，其基本的立场是系统性的重建，对于禁忌很少接触到，这也许因为他们大多是知识分子的缘故。

我研究风水宅法禁忌的目的，并不是为假科学找到真科学的依据。在合理主义思想流行的今天，建筑家们最容易持有这种态度研究风水。他们先假定风水是一种古老的智慧，而试图去参透，建筑界的学者对风水发生兴趣者，大多属于此类。在战后，日本名建筑家清家清出版《家相学》，即以科学的理由解释日本风水中的禁忌。[2]这种做法，虽不能完全反映民族自卑感，至少是用西方的准则来衡量东方的文化，太牵强附会是可以想象得到的。

在环境保护主义盛行于全世界的今天，也颇有人以为风水是中国固有的自然环境的体系，可能有助于世人了解如何与自然界共存。这一观点有某种程度的正确性，但限于葬法中的形法，与禁忌没有关联。

我研究风水中的禁忌是自文化面着眼的。毫无疑问的，与西方合

---

① 这也可说是中国士人的传统。中国的读书人受风水观念的影响，但很少认真研究风水，而把风水师看作占卜一类的人物。

② 清家清：《家相学》，陈启东译，台中新企业出版社 1973 年初版。

理主义的建筑学比对起来，我们对居住环境的塑造方式是属于非西方的象征主义的一类。我们自古以来，没有建筑的理论，没有功能主义的观念，也不把建筑看作一种艺术。虽然在明清之际的士人间，出现过模糊的坚固、实用、美观的观念，但不具有西方的分析性，并未形成显著的影响。[①]特别在民间，对建筑的要求比较简单，其使用的建筑准则，即使在坚固、实用与美观方面，也都依赖超自然的界说，就是用吉凶的观念来解释。他们不说不实用，而说不吉；不说不美观，而说凶。在工程技术上，他们则使用一套木工专用的吉凶准则，以代替“工程手册”。[②]正因为如此，仔细分析起来，他们使用的一些禁忌与准则，并不都能禁得住科学的，甚至常识的分析。

我想通过禁忌的研究，知道风水在传统居住建筑中占有的地位。风水怎样在我国严密的家族制度，及固定的格局与形式中具有影响力？风水在禁忌与住宅形式的社会条件之间互相影响的因素是什么？其中有没有历史的与发展的关系？这是最重要的一个层面。

我也想通过风水禁忌的研究，知道哪些重要的建筑形式的象征是受风水的观念的影响而塑造成功的。风水的禁忌与阴阳五行原则普遍的应用有时候很难分开，所以这一层面是建筑家最有兴趣的，却也是不容易有结论的一部分。

我很想自研究中，找出风水禁忌的大体的范围与数量。研究这些禁忌属于固定形式，不因时空而改变者，或各系统推演而来，因

---

① 此种观念见拙著《明清建筑二论》中之讨论，我称之为中国式的功能主义。

② 如《鲁班寸白簿》即均为歌诀。在我们所接触之年长木工师傅中，谈话时从未见有美观之字眼出现，故在木工之眼中，传统建筑是一件很逻辑的产物，而非今日中产阶级的青年人心目中的浪漫与美观的造物。只是他们推断尺寸的办法与西方功能论不同而已。

时、地、向而改变者。研究它在风水先生们的心目中是否具有普遍性，抑或仍然各持一说。[①]具体地说，我希望借由文献的统计与整理，对禁忌试行分类，对其产生的原因试加分析，同时对各地派别的风水禁忌试加讨论。这是一个很大的题目，我到目前完成的工作只是初探而已。

---

① 对禁忌的解释有不同的看法是不可避免的，已在我们所面谈的风水先生间得到证实，我们所说的普遍性，乃指一般所接受的价值，忽略了其细小的差异。

二　研究的方法

对于风水禁忌的研究原应自文献与调查两方面着手。调查的对象应为现尚执业的风水先生与一般社会人士。笔者研究风水的几年中，曾与若干风水师面谈，发现他们大多无法做有系统的说明，或抽象之解释，他们对于现场的研判比较有信心，可以很快指出风水上的缺点，并断言其吉凶。然发现他们所常谈到的禁忌，除与系统有关者外，与一般人所了解者无异，所不同的，他们的指证较为明确，判断较有信心。

比如说，目前社会上所流行的禁忌，最被取信者为“冲”，即建筑物正前方忌有刺激性、伤害性的形象存在。具体地说，建筑忌面对道路，面对屋脊、山墙，面对电线杆等。但亦有风水师把这些禁忌归之于系统，[①] 亦有持不同论调，视之为吉者。

风水师对过去流行的禁忌的范围大加缩减，且呈现紊乱的原因，自然与建筑的现代化有关。过去的吉凶多为传统院落住宅而设，在今天的城市高密度建筑中，多已无法解释，而可以引用者，亦就个人之解释而有异。这种混乱的局面，使得今日的城市居民，益发依赖风水

---

① 一般说来，知识分子型风水师倾向于系统性解说，江湖术士型风水师倾向于歌诀或禁忌。刘星垣先生解释屋脊山墙之“冲”为两面分水之大忌，即面对之水流两向流失，可用形法中的水法来说明其不吉的道理。而一般术师很少去解释这些细节。

师的亲自研判，风水术在今天益为神秘，为常人所不能领会了。[①]

为了以下的三个理由，我决定仍以文献的资料为基础加以整理。其一，因为风水文献中所呈现的禁忌，项目非常多，包含了一切目前我们所相信的重要或不重要的吉凶的判断，比较更能窥其全貌。第二，自古代的资料中整理禁忌的类别与性质，更能深入了解风水对我国居住环境形成之影响。第三，自文献入手，可以避免落入今天风水师间之纷争，减少研究上的困难，不受新创说法的困扰。[②]

但文献的整理本身就是十分困难的。我国有关堪舆的文献有三大特点，一为多，二为杂，三为乱，已在另文中详述。因其多，故有选择之难；因其杂，故有判别之难；因其乱，故有整理与了解之难。

仅举一例，说明其杂"乱"。在宅法著作中，以明万历时出版的《阳宅大全》最具包罗性。该书目前所见版本为台湾竹林书局翻印 1932 年上海广益书局之石版线装本。而上海版则是根据清宣统二年的版本影印的。再向上推就无可考了。这本书由于其编辑的方式非常不清楚，印刷商又在封面及内页印了"历城周继著"字样，令人粗看起来似一本包罗甚广，表达一位作者观点的著作。但仔细读其全文，才知道这书是一个集子，"周继著"部分不过全书的一半，其他尚有四篇是托唐人李淳风与杨筠松的作品，分别由明人、清人所校勘

---

① 在住宅形式为社会大众所熟悉的时代，风水的禁忌与居住的空间系统间有一种固定的关系，所以居民大多了解一定程度的风水原则。在现代都市中，风水师的语言若干为杜撰，非居民所能了解，若干为自日本风水术中引来，以适应现代住宅者，于居民完全陌生。故今天的风水师的神秘色彩益为浓厚。

② 由于今日的台湾，相信超自然力量的风气很盛，风水之新说如雨后春笋，事实上已失去与传统的联系，而且也无法从事有系统的研究。

的。[1]所以一书之中就出现了很多重复与矛盾。这自然不能怪古代的作者，只能怪清末的出版商，但却可反映堪舆出版物紊乱的情形。

尤其困难的，这类书籍凡经后期刊印的，大多错字连篇，没有适当地校对。只有多所涉猎，经过相当的研究，对堪舆的基本架构有所了解之后，才知道其所以难懂，乃因错字太多之故。

本文中所选用的文献，乃基于下列原则：

第一，清代及以前所流传下来的，以避免今人杜撰之作。第二，以宅法为主，或以葬法为主却有相当明晰的章节论宅法者。第三，解说分明，不致有过多错误或导致误解者。

根据以上之原则，经过再三的考虑，决定以最具时代明确性的四本书为骨干，再以其他次要著作上的材料加以补充。这四本书分别为：

一、金代刻版《重校正地理新书》[2]。该书为结合宋代宫中堪舆著作与民间流行的风水所汇编，并有详细的注释。这部书是在风水研究上最重要的典籍，已出现相当数量的宅法禁忌，且有图解说明。这是一部承先启后的古籍，一方面承续了古典风水的理论与实际，同时对后世世俗化的风水及山水法有开启的作用。故其中载列的禁忌是值得我们注意的。

二、列于《古今图书集成·艺术典·堪舆篇》的《阳宅十书》[3]。此书为陈梦雷所精选，故系统分明，章节完备，图样齐全，版本良好，

---

① 此书经翻印后，相当流行，但很少人细读内文。有些研究风水的朋友认为系周继所著，且认为阳宅风水到该书才算成立。见陈怡魁、张文瑞：《阳宅学》，载《香火》创刊号，1981 年 12 月，页 74。

② 该书有翁同龢手书之跋。翁视该书为秘笈。

③ 该书本《古今图书集成》影印而渐为大家所知，坊间亦有昂贵之再影印本。但与《阳宅大全》比较，流传不广。

是一切宅法著作中最具有代表性的一部，虽然仍难免同类著作中重复拉杂的缺点。本书并未注明作者，但经查《明史·艺文志》，核对文中所透露的端倪，可确定为万历年间王君荣所著。

三、前文所讨论的《阳宅大全》。周继为明万历间人士，处于明末风水流行的时期。可惜《阳宅大全》中所包含的托文是否为周继所辑入，无法作肯定的判断。由于本书为广泛流行的著作，我们暂尊重传统法的看法，假定该书全文均为明末流传下来的。[①]其实该书中附录的禁忌以托文中较多。

四、清中叶出版的《八宅明镜》[②]。此书在传统宅法中最为流行，为讹托唐人杨筠松之著作。市面上翻印的版本乃根据乾隆年间的本子，在上海铅印的。上有乾隆五十五年“顾吾卢”的序，谓由“若冠道人”所传。本书与《阳宅大全》同样错字百出，其内容已歌诀化，知流传已久，而且内容主要以禁忌为主。

纵观这四本书，其历史的关系可以下表说明：

宋元　　明末叶　　清中叶　　民国

《重校正地理新书》→《阳宅十书》

《阳宅大全》→《八宅明镜》→《阴阳地理风水全集》

---

① 《阳宅大全》出现于《明史·艺文志》中，下有“十卷，不知撰人”字样。周继名下列有《阳宅真诀》二卷。

② 《详图八宅明镜》，增订版，台湾竹林书局印行，1974年2月七版，为本文所根据的本子。但该版本至少遗漏“异授天尺”一图。在该书凡例中说“今书所载之尺，实人间罕有之尺，故也绘刊传世”。笔者曾设法寻找较佳之版本，均未如愿。好在该书之文字尚没有非常难解之谬误。

《重校正地理新书》与《阳宅十书》都有半官书的性质，其取材与编辑比较严谨，插图亦佳。自内容看，《阳宅十书》中显然包括了一部分先代著作中的禁忌，可以看出一种传承的关系，[1] 其为清代皇室刻版典藏是有道理的。而《阳宅大全》与《阳宅十书》同属于我国文化广泛俗化的明万历年间，在精神上是大同小异的，在方法上亦大体相类，只是前者几完全以通俗歌诀等为主，不如后者有古典的严谨性而已。

以《八宅明镜》为代表的清代风水禁忌，就完全承袭了《阳宅大全》的属于民间的传统，宋元间的风水观念与禁忌就完全消失了。

这样的选择，首先不免受到是否具有代表性的抨击。事实上，我曾打算包含不同流派的禁忌。在台湾，流派之间的争论很激烈，[2] 上列的几本书都属于三合派，我称之为正统派。对于在台甚为盛行的三元派的著作，曾加搜集、研究。我们发现在台著述的三元派著作，若有禁忌方面的说明，大多与正统派无甚分别。[3]在三元派中，比较具有代表性的，有出版于清嘉庆十九年的《地理正宗》[4]，与出版于 1924 年的《地理玄龙经》[5]，均为葬法、宅法合论的著作，并都收集了作者认为重要的三元派经典作。两者都包括了明末蒋大鸿的《阳宅真机》一文。我们

---

① 本文后文之讨论中可知，《阳宅十书》的若干文字乃直接自《重校正地理新书》中抄来。亦可能为间接的传承，经由我们所不知道的材料而袭来。

② 风水流派之间自古以来就很激烈，于今尤然。古人大多于著作的序言中抨击他人，但鲜有指名道姓者。清代三元派著作中开始指明徐维志、叶九升等为讹，盖徐、叶之著作在当时甚为流行，乃成为攻击之对象。后期三元派逐渐流行，蒋大鸿亦成为攻击之对象。近年来，台湾各流派之间，为求取信于大众，其倾轧尤甚，或有见诸报端者。

③ 如三元派风水师曾子南著作中亦有禁忌。在唐正一著《风水的研究：三元正宗蒋法堪舆》中，页 112～124 即为图解阳宅禁忌。此书 1961 年由台北文心出版社出版。

④ 蒋国宗：《地理正宗》，台湾竹林书局 1967 年版。

⑤ 赵鲁源：《地理玄龙经》，台湾竹林书局 1971 年版。

发现由于三元派为自易卦演出，带有浓厚的知识分子的理性色彩，[①] 对于迷信意味浓厚的禁忌都不很重视，而是以“气”论吉凶的。所以在查禁忌的研究中，并不具重要性。为了简化问题，就略过了。

但是对于出版于民国以后的正统派作品，我们还是包罗了较为流行的《阴阳地理风水全集》[②]。该书因文字浅显，系统较为分明，又曾以《风水讲义》之名为人一再翻印，故初习风水者多采用为入门书。我们容纳了其中的禁忌，可以看出民国以来禁忌观念与清代禁忌之间的传承关系。

在选定了这些文献之后，要决定怎样整理。我们采取的步骤，是在紊乱的文义与歌诀中，找出属于非系统性的，类似迷信的一些规定。这些禁忌大多混杂在文字叙述之中，也有条列在一起者。我们加以处理，予以分类，整理为一条目井然的图表。

图表化是自《阳宅十书》中得到的灵感。在传统的风水著作中，有不少附了图解。图解一目了然，有助于对歌诀的了解。尤其经过官家刻版的《阳宅十书》，图解最为精美，使人感觉可以仿效整理。事实上，《阳宅十书》的图解法在金代刻本的《重校正地理新书》中已使用了，而且有粗犷质朴之美。因此这可以说是我国宅法著作的一个传统，对晦涩的文字有显著的补充作用。我们的整理工作既然以清晰为目的，采用此法是理所当然的。

传统著作中的图解并不一定是清晰的。各书图画的方式不同，表

---

① 但后世的三元派风水著作又分为两类，一类为以六十四卦为基础，一类乃以先天八卦为断者。后均流为秘诀，所谓不传之秘的“些子法”，其理性之意味沦失矣。

② 佛隐：《阴阳地理风水全集》，亦名《风水讲义》，1915 年出版，在台翻印之版本甚多，此处所据 1975 年台北县大方出版社影印本。

达的方法很幼稚，略为复杂的观念仍难以索解。为了比较方便，我们把古书中表达明晰的图解直接录来使用，也补充了一部分图解。对图解的补充一方面因古书中部分禁忌缺乏图样，同时有些图解甚不易了解，要用新的图解来加以解释。图解既已采用古书使用的方式，新补的图，除非有表达的困难，仍然用古式的画法。为了延续前人的观点，建筑仍采传统之式样。本文为一种回顾性的研究，避免使用现代建筑，乃不愿与现代职业风水师发生牵连。

三 《阳宅十书》中的禁忌

由于上节所述的理由，对于宅法禁忌的整理，是自《阳宅十书》着手的。由于虽选定了具有代表性的著作，其中举出的禁忌重复矛盾的仍很多，取一个比较完全的本子为基础与架子，加以整理，然后把其他著作上的禁忌与它相对照与补充，是一个方便的办法。我们可以把重复与矛盾对照起来，借以了解风水演变的大要，及其内在的严谨性及短缺性。

该书是由清皇室刻版的，未经后世翻刻或影印，我们能取到台湾"中央图书馆"原书的影本，是一个很大的优点，图面清晰、错误极少，其内容之整理、汇编尚称严谨，就事论事，不以批评他人著作为务。[①]尤其重要的是，本书除了图说配合甚佳之外，是对禁忌条例最丰富、最明晰的一本书，为后世宅法著作之依据。[②]

这本书也有缺点。那就是在禁忌较多的几章，采用先文字后图解的编法。显然的，文字部分为编集而成，图解或可能是根据不同的来

---

① 批评他人为风水著作之通病。笔者手边的数十种著作，无不以批评他派为主要内容，甚焉者评论文字与说理文字混杂，而对风水理论之说明则欠清晰。最温和之著作亦不免指"时师"（当时的风水先生）不懂真正的风水，识为庸俗。《阳宅十书》是未见讥评他人之少数著作之一。

② 后世有关阳宅之著作，除三元派外，大多因袭该书，或略有发挥。但亦可能各书均因袭更早之同一来源，但未见时代更早，而图说详尽之著作。

源编集而成，两者并不完全相符。图解下面的文字是歌诀式的。不但图样不完全能解释文字，而且有互相矛盾之处。这是编集式风水著作所犯的通病。（图解与约略同时的《三才图会·阳宅篇》为同一来源。）

《阳宅十书》，是指宅法以十章所组成。计为《论宅外形》《论福元》《论大游年》《论穿宫九星》《论元空装卦》《论开门修造》《论放水》《论宅内形》《论选择》《论符镇》。其中《论宅外形》与《论宅内形》为阳宅空间方面之禁忌，《论选择》则为时间方面的禁忌。其余除镇符外，皆为系统性的推演的说明，并非纯粹的禁忌。由于本文所讨论的主要在空间与形式方面，我们所引用的资料几乎完全出于《论宅内形》与《论宅外形》两章。

在《论宅外形第一》中，开宗明义，说明阳宅与阴宅在形势上的要求没有分别。紧接着就用文字叙述了禁忌二十四项。其中有关住宅四周环境者十二项，有关大门前环境者十项，大多因袭《重校正地理新书》中的说法。另二项一为宅井，一为有关建筑大门者，后者有细目二十一目，包括了大门构造方面的禁忌等。若干细目与上文有重复，显然是采自不同的来源。

在主要文字之后，作者收进了三段歌诀，可以证明编著者的态度是属于不加选择的广泛采纳主义者，与其他的风水著作完全相同。第一段歌诀，为说明房屋的周围有坑是不吉利的，并明确地指出各方向之坑代表何种灾祸，与前面文字的叙述未必完全吻合。细究其禁忌的原因，大约是附会于五行，随意推演出来的，[1] 所以我们决定不予采用。

---

① 《古今图书集成》第四七卷（鼎文版“艺术典”，页 7004）该节为《八方坑坎歌》，其中“午丙有坑火灾显”最能说明方位的五行意义的判断。

第二个歌诀乃采自《何知经》。该经为有关面相、命相、风水方面的吉凶歌诀，此处所采，为风水方面者，计二十六项，大多为住宅四周景物吉凶之批断。其中有一部分与前重复，有些则为前文及后图中所不备，另有些则因文意含糊，无法了解其意指，只能根据对风水山水法的了解加以判断。如“何处人家出富豪，一山高了一山高”，并没有说出住宅之关系，但我们只有猜测，住宅附近的山，以层层重叠为贵。我们决定暂不予采用。

第三个歌诀甚短，为《宅忌架桥梁歌》，即宅厅的前后左右都不能架桥。不知其缘故。在迷信流行的时代，这类歌诀禁忌想来是很多的。编者于列出此诀后有一句附语：“此法屡验，故特标为一诀。”[①]

本章主要的部分是图解。计一百三十二图，均以歌断其吉凶。所谓外形，即外在的环境与整座建筑的总平面的形状等，可分为三部分，第一部分为传统住宅平面的外轮廓线，计十一图，大多与金代的《重校正地理新书》有传承的关系。第二部分共五十七图，则为住宅外在环境吉凶断，即住宅与四周景物的空间方位的关系。与金代上引书有部分关系。

住宅四周影响吉凶者，计有坵、沙、塘、水、池、山、岗、坟、道、林、桑、陵、埠、岭、坡、河、沟、厢、寺等，其中坵、丘、山、岗、陵、埠、岭、坡等属于一类。这些名词，除了在规模上不同外，看不出其特殊相异处。[②]这些字不但文意相近，在该书所绘图说上，也

---

① 见《古今图书集成》，页7005。

② 在中国画论中，这些名词各有其不同的意义。在宋韩拙所著之《山水纯全集》中，论及山水时，引荆浩的话志：“尖者曰峰，平者曰陵，圆者曰峦，相连者曰岭，……”又志：“山冈者，其山长而有脊也，……阜者，土山也，小堆曰阜，平原曰坡，坡高曰陇，……”

没有显著的分别，相当于金代上引书图说中的“高”字。使用这些字眼恐怕只是为押韵及修辞吧！如有一图，解说：“宅前林木在两傍，乾有丘埠〔阜〕艮有冈。”丘、阜、冈没有根本差异，只因用冈押傍韵，且避免第二句重复而已。这是歌诀化后带来的特色。只有一个“沙”字是很费解的。[①]

同样的道理，塘、池、水是相同的，河、沟、长坡、水是一样的。前者为静水，后者为动水，水字之含义就要看文意推断其动、静了。

在山、水之外，则为林木、道路、坟墓、寺庙[②]之属，在乡野中可见之景物。综合地说，《阳宅十书》中所指“外形”中的环境，包括的项目虽多，都反映了农村文化的色彩，不用说市镇了，即使农村集落之近邻关系都没有考虑。

第三部分占有六十四图，近乎全部图样的一半，为大门的正门图，描述传统住宅大门外的景物。这一点说明了我国传统环境观念中的重点在于门面。由于金代著作中并没有这一部分，我们可以合理地推断，大门面对环境的重视之普及化始自明代。这也许是理学思想影响风水体系以后，“气”的观念为大家普遍接受之故。所谓“开门纳气”，门前景物的禁忌就增加了。

（接上页）见台北河洛1975年版《中国画论类编》卷下，页661。但用在此处常见混淆，足见国人在文章上是很大而化之的。如陵、峦、冈乃状山之形，而阜乃述山之质，坡述山之某部，三者在意义上可相交叠。

① “沙”字自字面上似可释为沙地。但“沙”意同“砂”，在风水术中，“砂”字即正穴邻近山岭等高出地形之通称。风水家以龙、穴、砂、水四要素订择地之法则。此处所指之沙，为高地抑为低地，一时难求正解。

② 坟墓在地形上之影响甚小，亦无流动之性质，对风水之影响，与寺庙一样，乃因其性质与鬼神相关之故。这一点已超过纯形式性的禁忌，换言之，与风水不一定相干了。

在六十四图中，有十八图与水塘之形状和位置有关，有十八图与树木的形状和位置有关，有十七图与山、石之形状和位置有关。大部分仍然是自然景物。只有少数与道路、房屋有关者。

综上所述，在平面上，吉凶的判断大抵与平面形状及邻近山、水的方位有关，在大门前的环境方面，吉凶的判断则以水塘、树木、沙石、道路的形状为主，方位与方向次之，所以后者更接近禁忌迷信的意味。

在附录中，我们把这一百三十二图略加整理，变换原有的顺序，简化其断语，径以吉凶表示之，作为统计之纲要。然后把文字中所述禁忌未包括在图样中者，补充之，并与他书所载比对列入，使成为一完整之资料，供读者参考。

《论宅内形》在第八章，也可分为两部分。先文后图。所谓“内形”者，为指宅子围墙之内的一切形相、位置等所兆之吉凶，包括了开门、开间、天井、水路、构造、碓磨位置、造宅次序等。在文字部分，有《火唵说》，特别说明了厨房灶台之位置吉凶。在本书中已透露出住宅风水特别重视大门与灶台的倾向，到了清代中叶，才发展为《阳宅三要》的理论，把门、灶，与主房并列为相生相克的主要因素。[①]

文字之外，附有《阳宅内形吉凶图说》计四十八图，与“外形”一样，图与文并非完全相配合的，部分似为文字之解说，部分则与文字互相补充。

---

① 赵九峰著《阳宅三要》，清乾隆年间之作品，为正统派阳宅之依据，主张门、主、灶三者相生论。参考台湾瑞成书局翻印本第 1 页。

在四十八图中，有关单一建筑与附加建筑之形相者计二十四图，占二分之一。关于宅第中各座建筑相关位置，即配置关系者有二十图，亦几近一半。余四图则与树木有关，我们整理这些图的方法与“外形”的图样相同。即变换次序，简化注释，增加新图。

四 《重校正地理新书》中的禁忌

前文提到，金代刻印的这本书，在传统风水术研究中，具有非常重要的地位；它不是阳宅的专书，但其第二与第四卷，实际上以阳宅为主要内容。这本书中并没有如后代一样成熟的阳宅风水理论，因此没有系统性的论说。由于当时流行的风水仍为古典的五音地理，即使在文句中透露了些微系统推演的消息，与我们今天所熟知的，发展于明末的理论不能互相贯通。所以此书的阳宅地理实际上等于当时的禁忌大全。[①]

该书的阳宅方面的禁忌，主要集中于第二卷的“宅居地形”“地形吉凶”，与第四卷的“水势吉凶”“街巷道路吉凶”“草木吉凶”等节。第三卷讨论的是山之形相，以形状断吉凶，对早期风水的形家断法，甚有文献价值。但因不限于阳宅使用，在形式象征的原则上与后代无殊，我们将在后文中另行讨论，就不在此处深入分析了。

在“宅居地形”与“水势吉凶”两节所论，实即日后《阳宅十书》中所说的“外形”，其内容除与五音地理有关者外，包括住宅四周环境

---

① 该书为宋翰林王洙受命编，《宋史·艺文志》中有王洙著《地理新书》三十卷。至金毕履道予以重编。我推断所谓“校正”乃在收罗较多之材料，使之俗化。最后又由张谦校订，故书名冠以“重校正”三字。该书虽已破坏王著原貌，但因校正者态度尚严肃，引自各书者均注入书名，而王著原文以官书称之，故了解原体系并不困难。

景物的吉凶，宅地各向高低之吉凶，宅地凋枯的吉凶，及水流方向的吉凶。与《阳宅十书》加以比较是很有趣味的。为了比较上的方便，我们把其文字中所述禁忌，就可辨识的，列出七十余项。除了与《阳宅十书》中所载重复者外，亦予以补充，并加以比较。一般说来，早期的禁忌，与明末官书所载相较，有如下之发现：

第一，《阳宅十书》确实承袭了部分宋官书的资料。其中数项，文字几完全相同，[①]为后世阳宅风水中不载。其中最值得注意的一条，是"凡宅左有流水，谓之青龙，右有长道，谓之白虎，前有污池，谓之朱雀，后有丘陵，谓之玄武，为最贵地"[②]。这显然承袭了汉代以来的观念，与后世把青龙、白虎均解释为山丘不同。

第二，《重校正地理新书》中对外形的环境，是比较细致而抽象的，其中最明显的是宅居所处地点的地形高下。所以在其个别的说明中，采用高、下者占大多数，指明为山、丘、冈的，占极少数。这一点与《阳宅十书》所载有很大的分别。因为以具体而明显可见的山、丘为断，其适用性显然较为狭窄，而不够细腻。

第三，早期对外形的环境有较客观的观察。这是说，后期风水的著作，对吉凶的判断乃以宅位为主体来观察的。即先决定了宅位，再观察其四周的景物，以占其象。[③]然而在《地理新书》中，有很多例子，只讨论地形本身的吉凶，而不涉及宅位。其中"地形吉凶"一节，虽

---

① 见《阳宅十书·论宅外形》，载《古今图书集成·艺术典·堪舆部》。

② 见《重校正地理新书》"宅居地形"一节，页1。此一风水最贵地的描述，在《阳宅十书》中照文全引，但与后文的禁忌描述几乎全无关系，可能是很古老的禁忌。

③ 后世罗经的发明代表了这一发展的极端。罗经之判断，乃根据一定点而推定，故必先有"主"，才能有罗经之用。吉凶与地形本身的关系就模糊了。

仍杂以宅居地形，大体上是以地形论地形的。这一点与后世风水的观念大不相同。

在“水势吉凶”中，提到水名有九，并有图解以说明。这九种“水”为流水、横洿、带剑、斗水、箭水、清血、乱水、客水、逆水，其中至少有四种水并不包括它的位置在内。如逆水，即自南向北流的水，主凶；[①] 这样的地理，不论宅位在哪里都无法化解。类似的禁忌，在后世的风水著作中是很少见的。

《地理新书》的第二卷与第四卷均有图解。

在第二卷中，对建筑轮廓的吉凶断，不论图解或文字，完全没有后期方正为上的观念。这一点与《阳宅十书》比较，可看出明代有风水思想上逐渐转变的情形。《阳宅十书》显然仍保存了早期的观念，因此出现一些矛盾。在此处的图解中显示，梯形的建筑只要长底在右或在后就可用（吉）；工形的建筑，如束腰处为东与西则大吉。尤其有趣的是该卷中有十二个附图，对方形平面“不足”（缺）之位置的吉凶有所说明，肯定地显示宋代以前的中国并没有方正至上的观念。[②]

如果把正方形以井字分为九份，而去其一份，则缺北之位置除西、西北、北外，余均为吉。如去其二份而是工字形，则缺东西吉，缺南北凶。如去其四份，则十字形凶，斜十字形（即明堂形）吉。这些吉

---

① 这是一种完全不合乎生态环境观的禁忌，必然自北方的地形与中国古代宇宙观中发展出来，可能是很古老的禁忌。

② 有趣的是该书的刻版图解中，住宅之形象均以四合院表示之。这表示在宋代四合院已成为中国住宅之理想形式，但大多数之住宅仍以自由联络形式为多，如中国北方及韩国之住宅。

凶的判断没有附带任何系统性的解释，只能把它们看作禁忌。值得注意的是，工字形住宅在后期风水中是大凶之宅。

第四卷“水势吉凶”中有插图五十二幅，其中与阳宅有关的只有十九幅。这些图大部分表示住宅与河川、污池间的关系，并占断吉凶。由于这一卷是冢宅并论的，我们证实了早先的一些看法，即宋代以前的风水，在山水方面尚没有明确的系统观，[①]而是以禁忌来判断的。在这些禁忌中，也许看出一点系统性的方向，却没有理论出现，而《阳宅十书》就显然先自理论开始讨论的。

第四卷“街巷道路吉凶”一节中，对巷道与住宅的相对关系，画出三十三幅图，并各断其吉凶。这一节最有趣之处在于三十三图均表示凶，是最合乎禁忌条件的。经分析这些图样，其中的十二图是单路直冲，几乎任何方向的来路，直接通往住宅的都主凶。有四幅图表示出十字路口的任何一角都不吉利，困在井字路中间的亦凶。这样推断，建筑似乎只有坐落在街旁才成。大街不能在北边。

道路的禁忌显然会影响都市的规划。这些禁忌非常不利于格子形的城市，在唐代以前以格子形为主的规划观念显然不会产生这样的禁忌，要到宋代以后，我国市街放弃“坊”的形式，改采线型巷道的发展后才能产生。但风水的禁忌曾否在线型巷道的发展上发生促生的作用，是很值得研究的问题。

至于同卷中“草木吉凶”一节，举出了草木种类与方位间的禁忌，是属于早期地广人稀的农村所有，后代淘汰了，此处不拟讨论。

---

① 对山水的系统观指后期风水中之形势理论。该书初编于北宋仁宗时代，而至迟到南宋理学时代之朱熹已倡出形势论。金代张谦重校正该书时形势论应已产生，可能因北、南政治分立之情势使金代风水仍因袭旧法。

为了研究者的方便，我们把该书宅法的图样加以整理后，编列《阳宅十书》的图样系统里。在前文中提过《阳宅十书》是受到该书的影响的。经过整理后，特别是在“外形吉凶”的部分，我们可以肯定，该书是王君荣的主要参考资料。有些禁忌可能在当时已经不流行了，只因中国人重视古籍，才载进去的。但该书的大部分禁忌还是因为不再适用于后代社会而被放弃。

这些资料凡是我们觉得有比较与参考价值的，都纳入图表，其余则在文中讨论。

五 《阳宅大全》中的禁忌

明代的风水著作除《阳宅十书》外，以《阳宅大全》所容纳之禁忌最多。前文提到，此书为编集多人著作而成。事实上，周继著作部分，已经明显地进入晚明系统化风水的潮流，禁忌很有限。倒是该书中收集的当时流行的托古的本子中，禁忌比较多。质言之，该书卷九《阳宅神搜经心传秘法》与卷十的附录《杨公十八忌玄空经房煞》[1]才是我们要讨论的。由于后者只有十八条有关宅相的禁忌，有些与《神搜经》所载有若干重复之处，故本节以整理《神搜经》之内容为主，以补《阳宅十书》之不足，我们相信《阳宅大全》虽为一杂凑，可能更正确地代表流行于明代的风水观念。

《神搜经》除“罗经”与“九星”二章外，其后均为与禁忌有关之章节。依次为“相形”“相堂”“间数”“间架”“论门”“道路”“天井”“结构”“造墙”“放水”等，大都五行与禁忌互举。其中有附图二处，一为与格局或配置有关者，计十九图；二为与宅内各房规模有关者，计六图。图均甚简单，画法幼稚，故在格局方面，有若干图样甚难了解。

---

① “玄空”这形容词似表示一种法则，然而“玄空经法”竟为禁忌口诀，可能和“五音”一样为古老用语，名符实亡矣。

第二部分则为立面图，较易了解，在可能范围内，都编入图表附录中。

《神搜经》是晚明以来我国阳宅风水最重要的文献之一。它的很多观念为以后数百年风水著作所因袭。它在《阳宅大全》中是唯一没有举出作者的文章，连托也没有。它同时是王君荣《阳宅十书》的参考资料，因为《十书》中至少有一段是自《神搜经》中抄录的。①这可以说明此书的成书年代至少是在明代中叶。

在配置方面，《神搜经》中的吉凶判断几乎完全以金、土吉形为依归。在凶宅的说明中，均建议修改，使具有金、土形相，亦即三合或四合院，天井方正，屋宇整齐匀称、均衡对称等，几乎没有例外。这特别显示，到明代的中国，风水的吉凶已与住宅的空间观念完全符合。反过来说，按照传统中国人的生活所建造的住宅，大概是合乎《神搜经》上的风水原则的。

这一点与前引两书中的配置原则形成相当明显的界线。在前文中已提到，早期风水观念中并不禁止住宅的形相有不整齐的情形。《阳宅十书》的图样中似乎也以金、土为吉形，但以金为圆，以土为方。纯粹用几何形式来表示，是很古典的办法，顶多适用于阴宅形相的解释，因为圆形与正方形都不真正使用于中国建筑。②到明代，风水家发展出非几何的解释，使金、土的观念可以广泛地使用于民间，这是很重大的转变。

---

① 《阳宅十书》与《神搜经》之相同处甚多，但文字竟全相同者为“论门前忌”。见《阳宅大全》卷九第 15 页，与《古今图书集成 · 艺术典 · 堪舆部》第四七二册，页 35（鼎文版页 7004）。此可说明两书根据同样较早之资料。

② 中国建筑住宅合院没有正方形。除了天坛等类纪念性或宗教性建筑之外，中国建筑中没有圆形或正方形的形式。

尤其值得注意的是，早期风水原则对形态的要求比较有容忍性，不但不严格地要求方、圆，而且允许缺角，如在东南方缺角仍为吉宅，我国早期的民宅形式，至今仍反映在北方的农村中，具有各种变化，并不限于合院。其中曲尺形是农家相当通用的配置形式。[①]明代以后，我国文化的重心南移，南方住宅形式比较严格地遵循合院与对称的原则。住宅形式与风水原则之间的影响到今天虽已难知究竟，其与居住文化上的关联是十分明显的。

《神搜经》的作者对于住宅与四周环境的关系并不十分关心，几乎没有禁条，但对门第的景物则相当地重视。这说明产生《神搜经》的那个时代是居住环境较密集的时代。自此而后，风水宅法中就只注意大门及其前景了，直到民国以后才有所改变。

《神搜经》较偏重于宅内，故有相堂章。又称天井为"明堂"，为前书所少见。这也暗示住宅形相之不再孤立于田野，注意力开始转移到院子内的单栋建筑物上。该书对内形的判断所持的原则与外形相同，仍然是"明堂以方匀圆净为佳"，以及"富贵不离金土"。[②]所以该书讨论配置与堂形、天井等，先把五行形相明确解释，然后于推断时，不属于金、土形者为凶，且可断出其所兆之祸福。

理论上说，五行为风水理论的根据，运用五行的原则不应视为纯粹的禁忌。但因该书中把五行当作描述复杂形式的代词，实际已失掉了理论的严谨性。比如上引的形容词"方匀圆净"，等于以"匀"来状方，以"净"来状圆，就失掉方与圆在几何学上的绝对意义，而成为

---

① 见刘敦桢《中国住宅概说》中有关中国住宅配置形态之讨论。

② 见上引《神搜经》之"相形"章与"相堂"章，《阳宅大全》卷九，页2、3。

一种感觉状态的描述。这一方面说明文人介入了风水辨识原则，同时亦可自纯理论中解放，采取“自由心证”。该书的形相的禁忌，可说是该文原作者对形相吉凶的自由心证的一部分。

由于此书强调“明堂”，故对天井之比例、形状、高低有所规定，乃对《阳宅十书》之重要补充。尤其对天井要明净，其中不可放置乱石、假山、花木等后期传统建筑的原则，有相当明确之肯定。亦由于特别重视天井，故《阳宅大全》的两本著作中，以图样具体解析了天井放水以趋吉避凶的办法。这些办法由于很难表达在图样上，我们不打算归纳在图解附录中。

此书的另一特点为明示“结构规模”与吉凶的关系。此点又可分为两类。一为一般禁忌，二为结构梁尺寸的吉凶。后者为以河图之数字断其五行生克，可能是假托鲁班著作的理论根据，此处不赘。前者则为形相性之禁忌。单就禁忌而论，仍以完整、匀称、料大气厚为吉，相反者凶。对于木材忌相接、忌枯朽，为自功能转“会意”的禁忌，是可以了解的。至于梁栋偏欹之忌，则颇合乎我国古代建筑结构不用斜材的原则。到清中期的《八宅明镜》，就明说结构中之斜材为凶了。

《阳宅大全》最后一卷中所附的《杨公十八忌玄空经房煞》亦称《玄空经法》，为一歌诀式的禁忌性经文。杨公系指杨筠松，想系假托，内容恐多明代各家之说予以编集，以供风水师背诵者。由于很多与《神搜经》中所列重复，可证明在当时确有一些流行的看法被普遍接受。清代的出版物则可能是因袭这些著作而来，或加以选择整理而得了。

《杨公十八忌》没有明显的秩序，但大多为关于房屋本身的形状与构造方面的，也就是属于“内形”或堂相的，它的价值在于建筑形式禁忌的数较多，对传统建筑造型的准则的研究是有帮助的，可惜文字表达方式模棱两可，有些项目，我们要费些精神去推敲，却无充分的把握。能归纳在图表中的，均收进去了。在十八忌中，第八至第十一（露骨、赤脚、露脊、枯骨）等为忌损坏而不加修整，余均与建筑之造型有关。特别强调的禁忌似乎是旧房加一附属空间，因而破坏严正的相貌者。读来颇似警戒世人，不可随意因需要而增盖房舍，应该注意方正的格局。

六 《八宅明镜》中之禁忌

出现于乾隆末年的《八宅明镜》是传统阳宅风水最重要的典籍之一。它的特色是有一套完整的有系统的方法，结合了时间与空间的原则，表达得十分清晰，易懂易读。说它是传统宅法的总结并不为过。

在观念上，该书是符合了明代以来风水术系统化的趋势，并把命理加入堪舆之中，而得到的总结。同时在祸福的判断上，也很符合明代以来的趋势，尽量通俗化、平民化，满足民间普遍的趋吉避凶的愿望。所以这本书基本上是自八卦五行的原理，推而为九宫八宅的演算方法，以满足迷信的需要的。完全与这一系统无关的禁忌并不很多。

然而这本书与一切风水著作一样，没有经过严谨的编辑，禁忌散布在文字中，并无明显的章节。细读全文，大体可在头卷上找出两段与禁忌最有关系者。第一段是“阳宅六煞”。这“六煞”之意指为何很难了解，但是这段文字中，计有三十五条禁忌，大体上延续了明末文献中禁忌的精神。

在三十五条中，有十九条是与配置有关者，即《十书》中所说的内形。有十一条是与环境即外形有关者，其余是与构造的禁忌有关的。在内形的十九条中，多为因袭明代著作的旧说。在外形的十一条中亦大多与明代禁忌相类，但亦有所补充。新添的禁忌，如“两门相对为凶”条，如“天井两傍如有山墙对照，凶”条，如“一家连开三门为品字，凶”条等，都在说明与邻家建筑和出入口的关系。显然由于密度增高，住宅的环境所考虑的重点是邻里关系。令人感到兴趣的，是“天井两傍如有山墙对照”暗示了南方长条式住宅可能发生的情形，因为传统合院中，建筑都是正面对天井的，长条式市屋[①]没有两厢，邻家的山墙就可能隔天井而对照了。

“一家连开三门”与“山尖中开门”，在我国古来的传统中都是不会存在的情形，到清中叶提出这种禁忌，亦说明大家庭的分化，渐走向小单元的方向，以“别立门户”，难免用各种不正统的方式以达到分离的目的。因此使风水先生感到世道衰微，不得不加以限制，悬为厉禁。

在禁忌的尺度方面，有显著降低的趋向，开始有相当细节性的禁忌。甚至“门上转轴透出主凶”也提到了。这进一步说明宅法禁忌趋于建筑内局，不再注意大环境。同时在居住空间细节上开始注意到，如“床横有柱（梁？）名悬针煞”一条，至今仍为社会大众所留意遵循。又如“屋大梁上又加八字者凶”则明示建筑的架构不可用斜材，把三角规定的力学原则完全排拒了。这些禁忌逐渐与国人的生活思想连为一体。

该书禁忌的第二部分，为一连串小纲目，为“总论”“形势”“楼”“间数”“门路”“宅解星法”“天井”“灶”“井”“坑”等。读其文字，似乎这些小节是属于一个大纲目下，是自一个来源汇得，或由作者自编而成。“总论”应该是住宅形法的总论。这段文字把我国传统住宅的一些观念都明白地说出来了。

---

① “长条式市屋”为南方城市中逐渐使用之住宅形式，为面宽狭窄、进深甚大的建筑。台湾各地均有实例，尤以鹿港为最著，见汉宝德：《鹿港古风貌之研究》，1978年，鹿港文物维护地方发展促进委员会出版，页58。

在“总论”中，为选地点的禁忌。除了不靠近衙门之外，尚要避免阴气、秽气、邪气、杀气、荡气等。是利用禁忌促成土地分区使用的方法，亦即尽量选择住宅地区建宅，连桥梁牌坊都不宜接近。

“形势”一节是最重要的。“形势”应为“形相”。文中首先提出了“方正好看为吉”的观念，然后又提出“住房必翕聚始获福”的观念。根据这两个观念，分别指出建筑形相与天井空间的吉凶，等于总结了明代以来的形相禁忌，予以概念性的纲领。匀称、适当是很重要的原则。该书与《神搜经》比较起来，其内容虽大体相同，却直接诉诸感官的判断，不再执著于五行的附会。

同时，该书中很明确地提出宅子的房屋不可贪多，以免不能保持方正，而有所盈缺。并不厌其烦地指出宅子如有缺角所兆之凶。凡缺必凶，与明代以前的观念大有不同了。相同处不过仍用五行相克的道理来断祸而已。其他流行于今天社会的一些常识性的判断，在该书中也出现了。房子太大，人丁太少，不吉。

在《杨公十八忌》中已明显反映出的以破旧为凶的禁忌系列，到此书中，则正面地肯定了新的为吉的观念。“宅材鼎新，人旺千春”，建筑材料的新旧都有祸福的关联。自明至今，我国民间对建筑有一更新的要求，使我国传统建筑在史迹的保存上遭遇甚大的困难。这种民族的心态反映在风水上再明显不过了。

除“形势”外，对建筑内部主要的元素都有所举列。门的重要性一再被强调，有所谓“宅无吉凶，以门路为吉凶”等观念的提出。门与“气”的关系，渐为三元派说法相融通，因此传统住宅不可多开门的习惯，乃得自风水的原则，如后院墙不可开门，以免“漏气”。天井附近最好不要开门，即使开门，也要常闭以“养气”。

对于建筑间架的数目也有规定，首先提出了“宜单不宜双”的原则，这是可以谅解的。但令人感兴趣的是对三间的肯定。“三间吉，四间凶，五间宅有一间凶，七间宅有两间凶。”不仅宜单不宜双，而且不宜超过三面。这种禁忌的来源很难了解，但我们可以肯定地说，此一规定是与风水术普及于民间有关，民间住宅以三间为单位是中国建筑的特色。相信这类禁忌更加强了民间建筑单元化的观念。这是南方建筑的特点，亦说明风水术逐渐反映了南方建筑的实情。

七 《阴阳地理风水全集》中之禁忌

前文曾提到，我们在四部主要宅法著作之外，也选了此一民国时代的著作，以观察近二百年来的演变。这本书为笔名佛隐者著于1927年，复在台翻印者。著者原题《风水讲义》。该书因系近作，在文字上最有系统，且浅显易明；在内容上颇有综合性，为明代以来传统风水术的一种整理，所以近来研究风水者多用为入门读本，是有相当价值的。

该书约五分之一的篇幅为《阳宅地理》。在一般的原则方面，承继了《八宅明镜》的传统，采用了三元派的理论，以得水、藏风以收气为主。[①]同时亦受后期命相之影响，自“气”推而论“气色”，故说“阳宅之祸福，先见乎气色”[②]。然其主要的篇幅在于禁忌之条列，故谈宅

---

① “平原阳宅，以得水为佳，山谷阳宅，以藏风为美。”见前引《风水全集》卷一《阳宅透解》，“阳宅绪言”节，页168。这一观念显然延续了阴宅、阳宅同一原则的看法。由于这种系统上的区分，该书并没有传承清代中叶以前的“八宅”或“三要”的方式，而以“二十四山向水吉凶”为断。较近于周继《阳宅真诀》《八宅四书》系统，与王君荣之《阳宅十书》不同。

② 见上引书“阳宅纳气”节，页166。“气”有地气、门气（天气）两种，分别有收纳之方法，这与三元派的想法是大体一致的。气有旺、衰，以判吉凶。若气合乎生旺之理，可显现在外表上，故“……宅合元运，树长林茂，烟雾团结，吉气钟灵也”。

法禁忌，该书可作为现代之代表。

其禁忌之部分计有“相形”“改造形”“砂形水形”“城市宅基”“大门门楼”“厢廊”“天井”“墙壁”“池塘”“树木”“巷弄”等节，就其项目而言，较先代之著作所载为多，然而在外形方面几乎没有提到。这延续了明代以来的趋势，对自然环境的禁忌渐渐减少，对内部的禁忌渐渐增加，以配合人口密度增高的江南居住环境的需要。显然的，该书的宅法是“重宅不重基”[①]的。

在“相形”一节中，几乎完全承继《八宅明镜》的说法，以土、金二形为吉。但对土、金的解释，却增加了“九星”的意思在内，不再单看“五行”了，这表示后世分不清“五行”与“九星”之界线，阴阳宅、命相等走上一统之理论。在九星中之土与金各有二，土有巨门、禄存，金有武曲、破军。两者之中，各有一吉一凶。这是在阴宅山形使用的，转用到阳宅来，其所代表的形象不太明显。土原以方代表，金原以圆代表。在《八宅》中已有释圆的困难，如拆金为二，其解释自然更困难。在该书中，土仍然是方，未见有禄存凶土出现。但金有一平一塌。前吉后凶。平、塌仍不能说明其外观的形相。除此之外，有“屋合太阳星”为吉，太阳星为辅星，通常视为吉星，但其形相不明。

总之，在形相原则上，虽大体仍以方正为上，但加入九星观念后，又未把各星代表的形相清楚地描绘出来，故形相与五行的关系是很模糊的。我们只能推断，尖、曲折等是不吉的，因为文中说明呈八字、

---

① “重宅不重基”表示环境不予考虑。基，基地也。不考虑并不是不重要，因为阳基福地，“早经名家相宅，开府建县，筑宅而居之”（前引书 164 页），在城市中已经无考虑之必要。

火字、人字、扇面等形均不吉。

作者在形相方面，除大原则外，尚列有近五十条吉凶例，大多为禁忌。其中一部分可综结为匀称之比例的原则。各屋高度要配比适当，梁柱大小、粗细要合宜。这一点可说是传统观念的延续。第二部分若干条，则为建筑的造型与配置有关者，除延续前说，总以周正、均衡、无添加、无冲射之原则外，正式提出“四正一般长”与“屋如曲尺样”是不吉的。前者表示四方形的建筑，没有层级是不可以的。后者表示流行于北方民间的曲尺形建筑不吉。这些说法，在以前的著作中虽有暗示，但此处却直截说出来。

第三部分为建筑物本身的吉凶兆，如地面宜平整，构造要完好，梁枋无破损、短缺，室内无不正常之设备等。如宅内不能有桥，室内不能有沟都是禁例。另有七条为断厅、堂数目之凶兆，不知其何意，似乎在暗示宅厅堂不可过多之意。

在“改造旧屋祸福”一节，书中列出三十二项，大多为延续了上代的说法，并加以扩充。有些名称完全因袭前人，有些名称虽同，意实不同，有些名称不相同，意则相同。这也是自来风水书籍上互相袭用，并无严格系统所造成的结果。很明显的，《阳宅大全》与《八宅明镜》都是该书的主要参考资料。

该书禁忌是有特色的，第一是“墙壁吉凶”为前书中所无。墙壁在密集的建筑群中，逐渐占有重要地位。此处对墙壁的要求是要多，因“墙多气厚”。要回环，要弓抱，可见视墙壁与水流相类。禁忌主要分二大类，一为冲射，不可让墙壁对他屋冲射，亦拟同水流、道路。其中忌“墙冲屋角”一项，等于禁止围墙连接屋壁，使建筑物与围墙分开。另有忌“独脚照壁”一项，乃禁止为照壁独立砌墙。照壁必须是屋壁或围墙的一部分，是很符合中国建筑传统的。[①]另一类为墙壁必须完整，忌破、露、穿等。有趣的是在江南园林中可见到的“两堂对向中隔壁”在此是禁止的。

第二是“厢廊吉凶”，其原则仍然“端方整齐”。要高低长短适度，与正堂匹配，两厢过长不可，过矮不可。左右均衡、长短相同。要有向院落集中之感觉，故要“披水向堂”，要前檐略高。屋大要有廊；廊要设在前面。廊与堂不可分开。两厢的廊两边不可筑墙。这些都是后期传统建筑中常见的原则，均定为禁则。

第三是“大门与门楼”，其原则同样要与屋相称，均衡、对称、方正。不可太高太大。屋顶不可左右分水，不可用四角（即庑殿或歇山顶），不可开两门。这些都是后期建筑所遵循的形式原则。

最后是“城市宅基”。该书提出在城市中判断外部环境的方法，以“街衢作水，墙壁为砂，门外水道即明堂，对面房屋即案山”，使用自然环境原则于城市，开近代风水实务之先河。其他并无讨论，但其中“两家对门，门高者贫，并排开门，门大者赢”似推翻了前人禁止对门的原则。

其余池塘、树木等并无新说，总以平整、回抱为美，其禁忌则均尽可能纳入附录图表中。

---

① 我国建筑除宫殿、官衙、庙寺不需要照壁外，一般居住性的建筑，进门后多有照壁。此在闽南建筑中少见，为南方系统建筑中之特色。而照壁多为屋壁的一部分，因北方住宅无自正面直入者，必先进入一侧院。

八　宅法禁忌的分类

自以上诸书的整理研究中，我们大概可以把禁忌按其性质予以分类。总合说起来，禁忌大部分是属于风水术中的“形法”，只有少部分属于“向法”的。向法原属于系统性的解说，但在禁忌中与方向有关的部分，大多已无法与系统结合，想来是经过若干年代的口传，其原有的意义已失去了。

我们分析附表中的资料，一再取证于其他重要葬法著作，大体可将禁忌分为三类：第一类为与轮廓形状有关者，第二类为与象征形状有关者，第三类为与内外格局有关者。前两类即形法的部分，两类有时互相补充；最后一类为向法与形法的结合。我们试分别予以讨论。

（一）轮廓形的吉凶

我国人对环境的观察，自古以来就有拟人拟物以判断吉凶的传统，与风水法不一定属于同一个来源，恐怕自远古时代就有了，这是我国传统信仰的一部分。[①]后来在风水法中，形成一派，即所谓“形家”。

---

① 相信景物声气相通，相信自然的神秘力量，说明将环境拟人的倾向，《风水全集》中有“阳宅气色”一节最能表达此种观念，见该书第166页。

外国人研究认为属于江西派。[1]

形家断吉凶，是直接以象形开始。环境中的自然景物在他们的眼中都是活生生的动物在蛰伏着。而对形状的判断要看风水家的修为与造诣，并没有定则。象形是指外物尤其是山岭的轮廓远远看去所暗示的形状。[2]这种形状的肯定多少要予以附会才能为大家所认可。所以在金代上引著作中，山岭形状吉凶的图样是附会，把山形直接以动物形貌表现出来。

象形以动物为主，大约是取其生气。也可以象器物，以取其气势。常常把环境中多数的物形，以故事串联起来，创造为动态戏剧中的一幕。经传说后，绘声绘影，就深植人心了。然后从故事中判断地点的吉凶，也是风水家的特权。在阳宅风水中，象形吉凶占有的地位尚不及葬法。在阴宅中，有所谓"喝形点穴"，即观看环境中的物象，及其形式之意义，即可决定直穴之所在。这大多要靠意会来完成的。

像动物之形者，就龙、虎、狮、象、龟、牛等均为吉形，自独立的形式上，可以找出何处为吉，何地为吉。金代的《地理新书》讲到了各动物的吉点与凶点，可说明早期"喝形点穴"是很普遍的办法。明代以后之著作，形式架构趋向于系统化，但"喝形"的传统未变。在富贵风水基址的描述中，几乎必有一动态的戏剧性的证明，使整个山川都生动起来，称为"格"[3]。这种看法已为大众所接受，所以台北

---

① 李约瑟著，吴大猷等译：《中国之科学与文明》，台北商务印书馆，第七册，页396。

② 只能就可见到的轮廓线及山丘块体组合推断。其暗示形状的认定，由风水家提出，由大众普遍应和。认真观察有时很难同意。

③ "格"在风水中与"局"不同，但两字在习惯上常被合用。"局"多用于水法中，说明一地水之来去与方位的关系所造成之局面。基本上与罗盘之使用有关。"格"则为就地形观察其气势而定。"格"有上、中、下之分，上格为贵。在风水上为砂法的一部分。见徐善继著《地理人子须知》卷五下"砂法"。

市民流传圆山为龟、象突变之格局，即圆山为象首，而原动物园则近乎乌龟。对于南京，我们常说龙盘虎踞，以说明其古都的气势。自风水文献中看，似乎动物的形象并没有凶兆。即使鸡、犬亦出贵格。这说明我国人以“生气”为贵的通俗哲学。

象用具之形者，则取其高贵者为吉，避免卑贱之物形。可以把自然环境看成一个硕大的房间，其中的山川都是我们家的器物。这些器物属于高贵人物者，环境即是高贵的，属于贫贱人物者，环境即为卑贱。这是很幼稚的，直接推理的办法。

最高贵的如“帝座”“御屏”属于帝王之格，贵不可言。其次则为“华盖”“鱼袋”“朴头”“纱帽”“笏”“楼阁”等，都是大臣使用之物，象征富贵荣显，属富贵格。[①]自器物的形状上可以看出所出人物的职业：如“文笔”（单一高峰）、“笔架”（三峰相连）等则暗示文风、出文臣。而“旗”“剑”等形主武将，“葫芦”出名医等不一而足。这种看似幼稚的类比，却已深植人心，“地灵人杰”就是这种传统的合理的推论。而一切破碎、斜倒、贫病等缺乏生气、暗示死亡的东西都是很凶的。[②]

在宅法中，轮廓相形使用最多的为大门前的池塘与小山。事实上，对大环境的解释，阴阳宅是相通的。这类传统到今天仍然适用于阳宅的环境及宅子本身中，只是把自然造物改为人工环境而已。

---

① 由于象征高贵的实物形态与制度有关，所以可能因时代而变异。如“鱼袋”在唐、宋两朝为高官所佩用者，故宋以前用为高贵之象征，至明，其制度已废，形状少为人知，意义就不明显了。见徐著《地理人子须知》卷五。

② 形式吉凶的判断，就其气质而定，所以也有山水的性情之说。这是我国环境生机论的一种明确表现，与山水画在思想上，至少到明代，是能贯通的，见徐著《地理人子须知》卷五，页23。

尚有一种相形，是与动作有关的，与上文中所提之动态形近似，但属于单一形相者。一座山岭的轮廓线有时比较复杂，不易用一种形状来描写，也可使用动作来说明。动作有点故事性，却限于人间的故事，故与上文中的“格局”不相同。如“马上贵人”、“点兵”、“报捷”、“晒袍”（多重皱褶之山岭）、“勒马回头”等均表示一种贵人的动作，属富贵格。而“抱肩”“掀裙”“刺面”“合掌”“探头”“钻怀”等则多为下等人的动作，形状怪异，就代表贫贱与淫乱。在大环境中有这样的形相出现是很不吉利的。

到明代以后，形家对环境的观察有与五行、九星系统结合之倾向，是形态吉凶判断的抽象化、理论化。一般风水著作中理论的根据是“形状九星”[①]。堪舆术将北斗中的九星分别命名后，各赋予五行的特性。这九颗支配人类命运的星星，把它们的自身投射到地上来，所谓“在天成象，在地成形”，是以几何形状来辨认的。

九星连上五行之后，就与金木水土火五星混为一谈。所以明末徐善继的《地理人子须知》中，否定了形与九星的关系，而强调五星。[②]但若以五行的观念为五星，并不合于风水系统的原则。五行并不是五颗卫星的意思，一般风水的理论，至少自明代以后的文献看，天星支配人事的力量是来自北斗的。[③]

---

① 形状九星即贪狼、巨门、禄存、文曲、廉贞、武曲、破军、辅弼等，见王德熏：《山水发微》，页 87 之“形状九星”节。台北，作者自印本，1969 年初版。

② 见徐著《地理人子须知》卷七上《辨正》，页 1，“论九星之谬”节。文字中引蔡牧堂语对流行之风水九星（形状与紫白）吉凶加以批评。但徐著同书卷六下，页 22，有“九星正变龙格歌”一节，仍以九星为名，足证其思绪仍甚混乱。

③ 后世的天星以北斗七星加辅弼支配人之命运，除风水中九星论之外，命相中多使用之，如紫微斗数之理论基础即为九星。

代表五行的几何形，其来源不甚明白。早期的文献中，五行与时间、方位、干支、数字、人体器官等有关，而未见有与几何形有关者。可以推想自明代才有形状与五行的关联。五行的几何形是意会的——金，形圆，可能与金器形状有关；土，形方，可能与地为方的观念，或方平的观念有关；木，形长，为意指树木无疑；火，形尖，为火焰之形象无疑；水，形曲，为水波之形象亦无疑。这些形状，直起来看，如山之轮廓，即为“立格”，亦即今天的立面侧视形；平起来看，如水塘之轮廓，即为“眠格”，亦即今天的平面俯视形，两种格象征同样的吉凶。

阳宅风水中的“九星”，计属木者一（贪狼），属金者二（武曲与破军），属土者二（巨门与禄存），属火者一（廉贞），属水者一（文曲）。另两星（辅、弼）则因位而变。其中只有金、土、木的正形为吉。圆、方、直形而眠格上是全圆、正方、长直，在立格上是半圆、方正、高耸。但吉形破了相也就兆凶了。为什么风水禁忌中不允许大门面对山墙呢？因为山墙有火相。

自明代以后，以方、圆正形为吉。（木形长，虽吉，却不易在阳宅中见到亦不适用，故被淘汰了。）这些观念虽来自五行，却早已融入中国人的生活、观念中，成为传统文化的一部分，为各派风水所尊重。“端正、周方斯为美”[①]，成为传统建筑格局的至高原则了。

（二）形状意会的吉凶

这一类形状包含的范围甚广，意指也很模糊，完全靠意会。使用

---

① 见赵鲁源《地理玄龙经》卷四所收蒋大鸿所著《阳宅指南》，1971年，台湾竹林书局版。

这类的禁忌，最有江湖先生的味道，要有领悟力与“慧根”才成。我国是重文字的民族，而中国文字的创造，自象形，而形声，而会意，而假借，而转注，与风水的吉凶判断的过程都有密切的关系。事实上，民间乃使用同样的方法去解释吉凶之征兆。所以对神经质的中国人而言，一举一动，一物一形，均暗含着吉凶的兆示。中国人生活在充满了征兆的世界中，真是举步维艰。

第一类所谈到的，是属于象形的部分。本节所谈，多属会意的禁忌。国人对于“生气”为吉，“死气”为凶的观念，可以广泛地用于判断景物形貌的吉凶。如不合“生”暗示“死”的形相如枯萎、衰败等都不可出现在目见之范围内，这种凶兆特别容易在生长的景物，即树木花草上表示出来。

如柳树的枝叶虽为文学所最爱，但因下垂，为衰败之象；且随风飘荡，缺少骨气，故对住宅构成凶兆，必去之而后快。[①]又如纠结的老树，虽为艺术家笔下的宠物，却因暗示枯萎、衰败、死亡为大不吉之兆，生于高山可，长于庭院则不宜。类似的例子不胜枚举。如爬藤、古榕，因有悬吊、纠缠的形貌，则暗示捆绑、悬梁等，为大不吉之相。常春藤为外国人地位的象征，在我国则为凶相。我们所喜爱的，是生气蓬勃的、向上生长的植物，而能呈现愉快的色彩、飞扬的枝叶者。

其中也夹杂着文学的、道德的意指，如桃花虽然艳丽，但桃花用以象美人，美人在一般的观念中多示不贞，或“红颜薄命”等意思，

① 这是柳树在中国人居民环境中逐渐消失的原因，亦可说明文艺的理念与生活中忌讳间的矛盾，最后为禁忌的观念获胜，故今世不复有五柳先生矣。台湾习俗中亦忌柳树。

故被视为凶物，不宜在居住建筑中栽植。相反的，荷花、莲花，象征和合多子，“出淤泥而不染”等，乃为人所喜。同理，槐树，在古代文献中为帝居中的树木，且象征厚德，成为北方住宅中的庭树。[①]

这样的意会并不完全以植物为对象，人造物亦有同样的作用。人造物中自以建筑物之影响最大。如国人不喜孤立与孤独。建筑物孤立在原野中，意味着孤独、孤寡，终可引申为子孙断绝，因之而不吉。如必须孤立，则由树木围拥之。

具有现代化功能主义思想习惯的人，最容易把建筑物形相的吉凶误为古人对建筑功能的需求的另一种说法。比如建筑物老旧而檐角下垂，风水上认为不吉之兆，自可解释为房屋结构不稳，或不安全，但其真正的意义与柳树下垂是同样的。中国建筑的屋角为何上扬？也是一种生气的象征。又如风水著作中多认斜歪的建筑为大凶，自然可以解释为建筑即将倾倒，主人有生命安全之虞。但这样的房屋不仅为主人主凶，对其邻近人家都有冲射之影响，就不是功能的问题了。故其禁忌于歪、斜之相，不在结构之实。

我国后期民居建筑中，把宋代以前喜欢表露于檐下的椽子废除了，改为封檐板，也许有很多理由可以解释，但风水中不喜欢“露骨”应当是很重要的原因。对于“露骨房”，即屋顶破损、露出椽条的房子，风水上列为严禁，因露骨意味着死人的骨架，是穷凶极恶之相。如果我们把它认定为这条禁忌乃因漏水不宜居住就误解其象征的本意，因为漏水虽然在生活上很不方便，却被认为聚财的象征，并非凶兆。

---

① 《三国志》：“古者刑政有疑，辄议于槐棘之下。”在《周礼》中，三槐之位乃大朝时的三公之位，故象征德操与公正，自古已然。故历史上有槐布、槐至、槐序、槐厅等名称。

同样的道理，对于墙头损坏、瓦片残破、天井凹陷都有相同的恶感。所以引申起来，在建筑上就有“除旧布新”的要求。“旧”，对国人不是很好的字眼。因旧暗示老、破，都是预示死亡的征兆；只有新，才代表蓬勃的生气。到了清代的中国，风水的禁忌逐渐与日常生活中的禁忌融为一体，不能分辨，构成一个严密的迷信的网，把大家牢牢地裹在里面。

（三）与格局有关的吉凶

在风水的禁忌中，有相当大的部分与建筑的布局有关。

大体说起来，建筑的格局在风水上多由系统性的推演来断定吉凶的。但是系统性的解释不容易为民众所了解，通俗化了的风水书籍就干脆用图样或歌诀来传播了。前文中指出，自《地理新书》到《阳宅十书》是相当程度地容许建筑基地不完整的形态。但到了明代，建筑布局的原则就要“入眼好看”，完全以方正、周全、明亮为吉了。院落要方正，环境院落的建筑物要周全无缺。同时，各部分的配比要匀称，要整齐，要对称，要恰如其分。

根据这一基本原则，吉凶可以立断。标准的住宅是三合院或四合院，四周有围墙，院落比例近方，明亮清洁，前后分明。正房建筑庄重大方，四壁明亮，两厢配衬，恰如其分，有向心的感觉。建筑物均材料鼎新，毫无衰象。围墙则很严密、整齐。“如太高、太阔、太卑小，或东扯西拉、东盈西缩，定损财丁。”[①]损财丁就是最大的忌讳了。

---

① 见《详图八宅明镜》卷上，页12，“形势”。

宅相的要旨就在于避免破坏方正、周全、明亮的一切形象。

我国传统建筑是多进的，所以多进的高度有一种秩序，以配合传统家庭中的伦理制度，适当地显示尊卑的关系。在风水术中，凡超过一院落的建筑，概称为“动宅”，有一定的推算高低以求吉避凶的方法。大体说来，高大的主屋多在二进之后，呈前低后高之势。超过五进就称为“变宅”，是很少的了，其秩序可能有最高与次高的起伏，与匀称是相符的。

这些与风水系统的推演法有关，似乎无关禁忌。但我们发现在《阳宅十书》中，对于各院落房屋配置吉凶的推演使用的各方法虽与通俗的方法近似，但其用法与解释却略有差异。我们推想该书收入的材料可能为早期的理论，逐渐为后期修正者。简单地说，《阳宅十书》的资料显示，在多进的住宅中，除主轴上的建筑有高低变化外，在各院两厢亦可因吉星的分布而有高低的变化，甚至指定了楼房的位置，与主要通道的路线。而后期的理论中，所谓“贯井法”[①]，就只有主房高低的推算，吉星的分布，只涉及厨、厕等位置的选择，与高度无关。在根本上，宅子两厢的高度是对称的，均衡的。

明代以来的一些禁忌，有相当的比例是禁止不工整的格局，因此逐渐带有中产阶级的色彩。一般平民因需自旧屋上增筑附属新屋因而破坏完整的形象，几乎一律是禁止的。不但传统“三间房子”的前后不增加，即使左右亦不可增添。要扩大几乎必须拆除小屋，改建大屋。同时这些禁忌的观念与发展于南方的住宅形态逐渐吻合。南方所出现

---

① 贯井法之井字指天井，即院落。在传统风水中，两进以上的宅子称动宅，不能用一般的办法；所以就发展了一种吉凶推算的方法，即贯井法。详见周继：《阳宅真诀》卷六，收在《阳宅大全》一书中。

的多变化的成长式住宅，[1]恐怕都属于传统之外的贫民住宅，连风水的常识也缺乏了解。

同时，为保持院落住宅的特色，有些禁忌是对大宅而设。凡把院落填满，或妨害院落完整的格局一律禁止，所以院中不可设小屋（如板桥林家五落院中的戏台），两进之间不可连廊（即所谓工字房，使用于庙宇、衙门中者）。不但主房不能有楼，其四周也不可有楼，以免欺压。

在大环境上，特别是门前，要均衡而宁静。受公共建设之欺压都不吉利。这种禁忌，使都市发展之模式趋向于狭窄的巷衖式。住宅远离民众活动的场所与广场。门前不宜有道路直冲，使丁字形之组合不宜于住宅区之发展。

射的观念在宅法中，显然愈到后代愈加重视，说明后代对建筑环境中融合了葬法中的观念，把目之所见的一切吉凶征兆全面收到宅子中了。

---

① 如台湾传统乡村建筑，尤其在北部，常见以三间为基础，两端加建筑单面坡之住宅，此亦有继续向前加建者，即不合乎风水上的原则。

九　结论

经过上文的整理、研究与分析，对于风水中之禁忌可以下几个暂时的结论。由于研究方法与文献选择的限制，我们不敢说这些结论是完整无缺的，只是完成了初步的整理供有兴趣的学者参考，以便进行更广泛的研究，同时对传统建筑的了解提供了另一个角度。

自资料的整理中，大体上证实了我的推论：宅法禁忌的存在早于系统性的推演。有些禁忌可能是自古以来就存在的，但大部分的禁忌视时代而转变。自明末至清末，现代居住环境改变以前，禁忌的性质是相当定型的，构成了我国环境形式的语言。阳宅风水可说大部分由禁忌所支配的。禁忌随着时代转变的情形，照资料显示的，受到其他时代因素的影响。它会缓慢地顺应时代的要求而改变，同时也有修护传统的趋向。风水的禁忌对于传统的中国民俗建筑的演变是否具有主动的修改的力量，值得进一步的研究。但我们可以肯定地说，宅法中的风水对于后期我们完整的院落住宅有维护的作用。风水的禁忌实际上提供了设计的准则。

如果把这些准则与我国明代以来传统民居比对，似可看出其地域性。明代以后的中国文化以江南为中心，其设计的准则自然也以江南建筑为对象。在《阳宅大全》的序言里，提到宅法来自北方，[1]似可说明风水自北而南的移动。那是指“向法”而言。“法”是一种系统的推演，其特点是可以适应多种情形，所以早期的形式较自由。禁忌则缺乏适应性，而有走向固定模式的趋势。如果以我们所熟悉的闽南的建筑来看，“向法”的影响很少，禁忌的影响较大。因此明代以后的我国民宅已经模式化了。禁忌的准则是通过模式而表达出来的，所以大木匠师是这些禁忌的传承者。[2]

就禁忌的重要来说，早期比较关心外在环境，后期比较重视院落与建筑。这是时代条件改变的自然结果。明末以来，镇市与聚落的生活环境超过了原野中的大自然环境的重要性，而显著的有内省的趋向。自资料显示，早期对自然环境是采取猜疑的态度，住在山林中并不吉利。北方的地形与气候，早期大体上以向南、向东为吉，以后高前低为吉。后期的江南地形就不受这种约束了。虽然前低后高的原则是一直遵守的。

至于风水禁忌与城市发展的关系，由于属于城市资料不完整，尚无法有具体的结论。我们只约略感觉到，住宅与道路的关系的禁忌应该是城市发展模式的准则。比如“冲”的观念应该减少丁字形交口。同时，宅忌路角、路口，住宅区的发展应该以线型模式为适宜，这一点如证之于北京城是没有错的，但是自唐代坊的组成到后期巷弄的关系间，

---

① 一壑居士:《八宅四书引》，载《阳宅大全》，页 1。《八宅四书》为《阳宅大全》中所收之第一部书，周继著。

② 坊间可买到的翻印有《绘图鲁班经》与《鲁班寸白簿》。前者为清初编印之木工手册，有甚多禁忌。并附有住宅门前之禁忌图说，与《阳宅十书》《阳宅大全》中者相近似。后者为木匠所用之建宅方向吉凶，有一般风水图说，为木匠们兼看风水之用。

其演变的过程，风水禁忌的角色是主动或被动，我们是不敢下结论的。

早期的宅法中较重视门前的环境。大体说来，对门前有任何阻挡都不欢迎，显然以开朗为上。除了很欢迎“玉带水”（即环绕的流水）之外，对于山、水、树木、道路及其他自然、人工物均不欢迎，这大概与“冲射”的禁忌有关，而大门自古以来就是宅法上最重要的元素。[①]

事实上，风水决定乡村之配置，要比城市为有效。因为市街的安排多半是出于更高层的需要，其风水上的考虑是以“城”为单位，并未顾及市内每一地段的风水关系。市民为求生存，有时也顾不了风水，其相信风水的程度也较弱。

以台湾农村聚落为例来看，风水对配置关系的影响似具有支配性的力量。为免除风水禁忌中的主要的冲、射之灾，农村聚落完全忽略了街、巷的系统，采取任意配置的方式。同时后期风水中以“命”为推演基础的取向原则，在完全没有法规限制下的农村，每座住宅都因风水师或木匠的判断而自定朝向。他们使用的方法未必一致，但其结果则一，即对环境的考虑完全以风水为凭，而不顾及整齐的外观。这就是台湾农村景观错落有致的原因。

至于内形，自《阳宅十书》以来，传统相当明确。自我们整理的资料显示有下列几项明显的结论：

一、一栋房宜整齐完好，屋顶为一整体为吉，如有高低变化多不吉（有特殊例外）。

二、孤独一房，凶。

---

① 在王充《论衡·难岁篇》中已提到当时宅相是重门向的，并评论其非。见《新编诸子集成》第七册，台北世界书局 1978 年新三版。

三、两栋房者大多不宜。

四、两栋以上房者，如非三合均不吉。建筑上常见的配置如L（丁）、T（卜）、H（王）、I（工）、=（水）、+（小）、E（亡）等均凶。其中除“王”字外，描写该等配置之字眼亦均属凶。

五、不完整、破损、倾倒等均凶。

六、旧屋增建、改造使形不完整者均凶。

七、其他破坏三合、四合之方正、完整、主属关系者均凶。

这些，为我们在前文中讨论过的，是我国近几百年来，传统建筑所尊重的原则。

附录

阳宅内形、外形吉凶表

说　明

一、本表之内容为根据下列五书而整理：

（一）《重校正地理新书》金毕履道（12 世纪）

（二）《阳宅十书》明万历王君荣（16 世纪）

（三）《阳宅大全》明万历辑（作者不明）

（四）《八宅明镜》清乾隆（18 世纪）

（五）《阴阳地理风水全集》民国（20 世纪）

表中之代号分别依次为《金》,《十》,《全》,《八》,《阴》。

其中《全》为《阳宅大全》中之《神搜经》,〈全〉为同书中《杨公十八忌》。

二、本表中之图样为依《阳宅十书》之图样简化而成，凡在第一栏中有图者，即自古书上录出者，图之来源即外形部分之第二栏中引文的出处，或内形部分之第三栏中引文出处。(《阳宅十书》之图样与《三才图会》中所载相同。)

三、内形的第二栏为图样补充说明原书图文不足。古人之木刻图缺乏系统，著作者又不知如何做最明确之表现，故有些图样，第一、第二栏并不完全相同，凡第一栏空白，第二栏有图者，表示原书无图。

四、外形的第二栏，及内形的第三栏，为原书之引文。凡其断文有以上五书之代号者，表示此一禁忌在该书中出现。

五、外形之第三栏为前栏文字之解释，目的在用现代的文字说明或补充前栏的意指。

六、外形与内形之第四栏为注释与本文作者之按语，有些按语可参考本文正文中之讨论。

分类目录

一、内形：配置吉凶

	立面	平面	出处	备注
01 孤独房	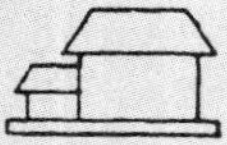	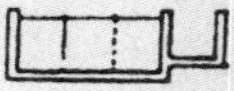	"堂屋西头接小屋，凶" 《十》家败人亡	①堂屋即面南正房 ②亦名"元武插尾"，主横事，损人口
02 单耳房	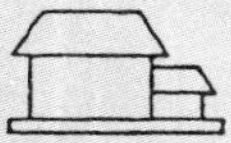		"堂屋东头接小屋，凶" 《十》主小口马牛有伤 《全》大小不安，畜伤破财 《阴》同	①亦名"文武披头"，断同上 ②《大全》中又有单翅房之说，疑为 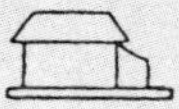
03 双耳房	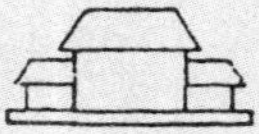	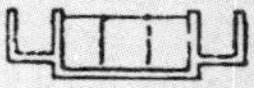	"堂屋两头多接小房，凶" 《十》大小疾，血光灾 《全》 《阴》	①〈全〉称孤寡房，《阴》称孤苦房 ②《大全》中又有双翅房之说，疑为 
04 单侧房			"堂屋东头靠山横盖小房，凶" 《十》有横灾 《全》口舌灾祸，破财 《阴》同上	
05 青龙披头	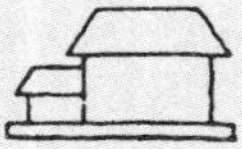		"东房南头插，凶" 《十》损长男	两图原为一图，经分为二（05，06） 立面为东向 平面为南向
06 青龙插尾	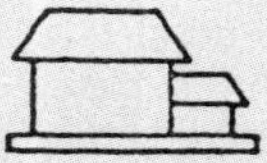		"北头接小房，凶" 《十》同上	同上 披头、插尾可兼有之，其断相同

07	朱雀披头	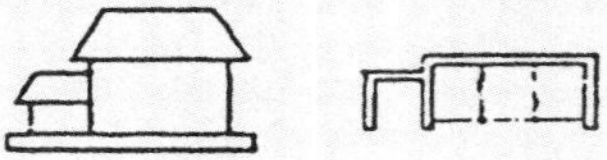 "南屋东头接小屋，凶" 《十》阴人小口灾	两图原为一，经分为二（07，08），可兼有之，其断同
08	青龙插尾	 "南屋西头接小屋，凶" 《十》同	
09	白虎披头	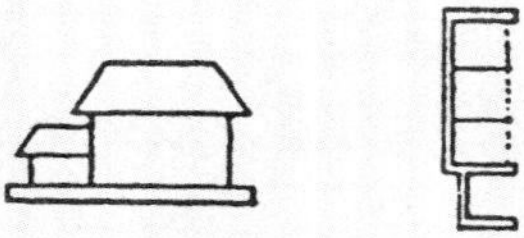 "西房南头插小房，凶" 《十》主阴人加病	两图为一，析而为二（09，10） 可兼有之，其断同
10	白虎畔边哭	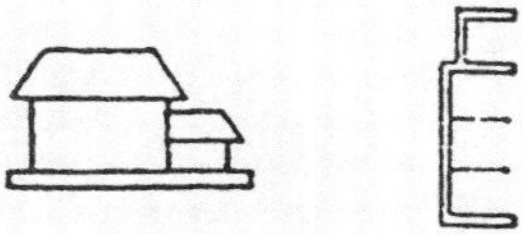 "西房此头插小房，凶" 《十》同	自 01～10，凡屋两端加小房均不吉
11	孤阳房	 "只有一座房名之，凶" 《十》阳旺女衰，小口灾疾 《全》同 《阴》同	①独房不吉 ②并未指明方向
12	纯阳房	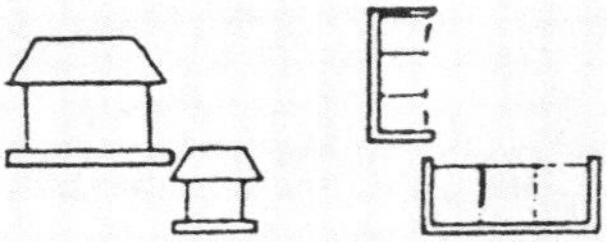 "只有一座北房共东房名之，凶" 《十》髟人小口病 《八》家无老妻	①平面如图似为 但衡之实情，断之如左  ②《明镜》称之为"孤阳房"
13	重阴房	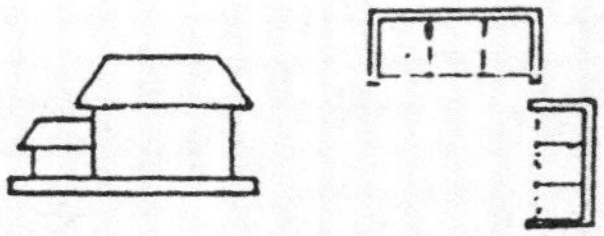 "只有南房合西房名之，凶" 《十》男人不旺，灾病生事 《八》家无老夫	①图、文不合，衡之文意，与上图相对，断之如左 ②《明镜》称之为"孤阴房"

14 青龙头	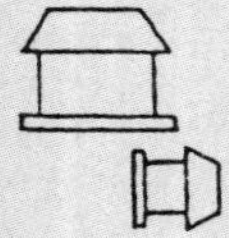	同 12	“此屋名为青龙头，凶” 《十》长房衣食愁 《全》同	①图意不明，文不释图 ②以《全》神搜经p.15图解推断，或为东屋高之情形
15 白虎头	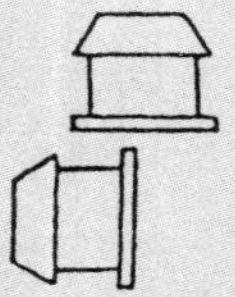	同 13	“此屋名白虎头，凶” 《十》小房衣食愁，幼男孤寡损败 《全》同	同上
16 自缢煞		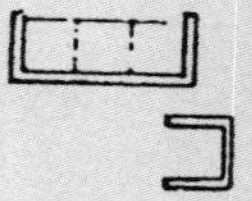	“屋后白虎边另有一间横屋，凶” 《八》自缢	依文意亦可能为 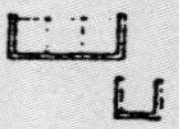
17 投河煞		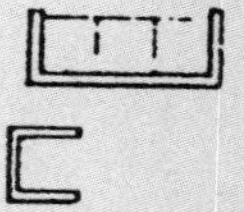	“屋后青龙边另有一间横屋，凶” 《八》投河	依文意亦可能为 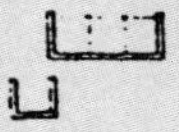
18 暗算房	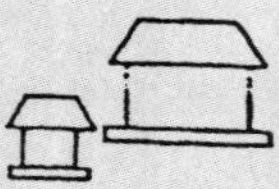		“北屋西头有西房，凶” 《十》招贼破财	
19 蛇举头	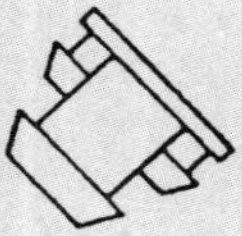	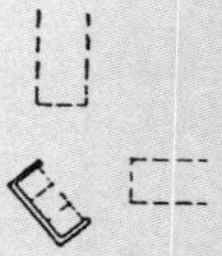	“宅东北角有一小房，凶” 《十》家败耗，人口衰	图文不甚相合，图中之屋两侧小屋疑为刻误
20 虫胀房		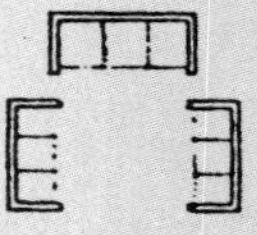	“火位金屋不吉” 《全》阴旺阳衰 《阴》同	火位指坐南向北之房，金屋为三合院〔原注〕如面南吉如土屋（四合）吉
21 丁字房		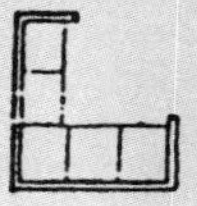	“堂屋东间接连盖东房名之” 《十》官讼灾疾	

22 卜丁房		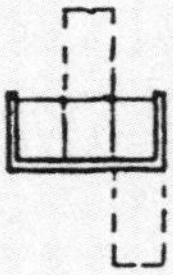	“正堂中宫又盖小房” 《全》损财招灾 《阴》正堂或前或后盖小房一座，凶同	此条显与上条有关，各书所传未尽相同，文意亦不明确，然自主房突出为不吉
23 王字房		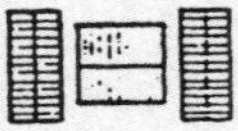	“盖东西屋中心盖顶者名之” 《十》阴人小口灾	此图不甚可解，以文字解释之。依图亦可画为  较近王字
24 工字房	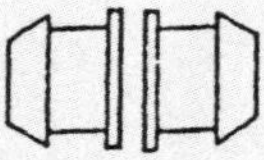		“南北二房，居中盖东西房为工字房” 《十》阴人小口不利 《全》同上 《八》工字煞	《八宅明镜》中明确指出厅后高轩又有正堂之格局为凶 参考 10
25 水字房		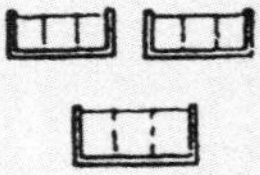	“堂屋中宫有正房，两边有屋名之” 《十》疾死多灾	《八宅明镜》中称金字煞，以其山墙面天井也
26 小字房	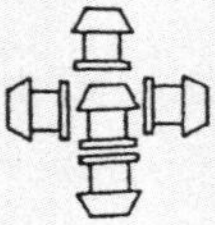	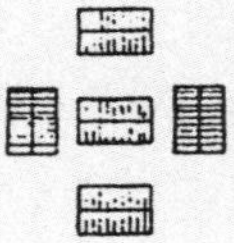	“堂房前中间有正房” 《十》人遭灾疾	
27 亡字煞		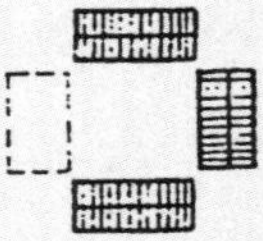	“前后两进有一边侧厢者” 《八》凶	①侧厢两边均同 ②《大全》有“屋作曲尺……后有曲尺”者，疑为亡字
28 孤寡房	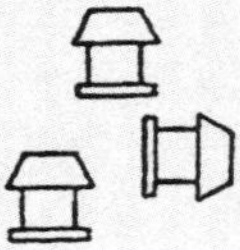	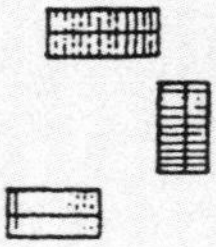	“此屋名孤寡房” 《十》有寡妇二三人瘟火、伶仃	①指自由散置 ②同名参照 03 注

29 过头屋	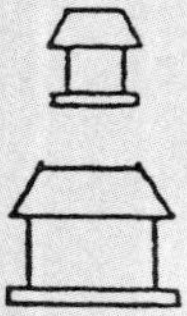		“此屋名为过头屋，前高后低二姓族” 《十》招疾，动火，损少 《全》同 《八》出孤寡（阴）损子克妻	①为一普遍之原则 ②断面图左前右后以下图同
30 干水临头	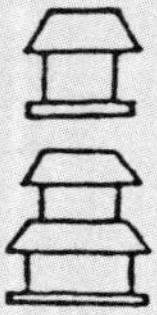		“干水临头百事凶” 《十》克妻损长 《全》主人命 《阴》同	为上条之引申
31 四水不回归			“此屋中高前后低” 《十》孤寡耗财 《全》同（横火山字） 《阴》同	
32 同上		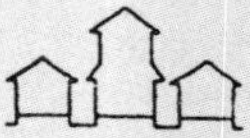	“中高为楼，主二姓同居” 《全》同 《八》同 《阴》夫妻眉不齐	为上条之引申
33 扛尸房			“左右两屋低，中高名之” 《十》损男女，外死 《全》损妻子，外死 《阴》同	①《八》指明为三间之中间较高者 ②此指高低不匀称故亦名冲天煞
34 左右脊射	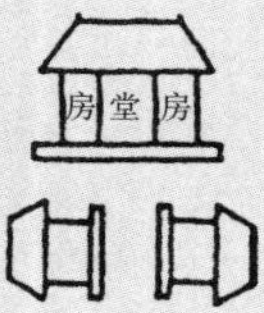 房堂房	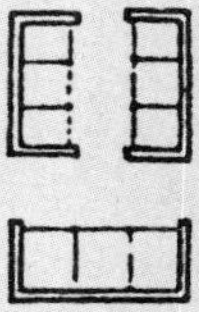	“屋脊射房” 《十》射左房长子亡，射右房幼子亡 《全》同	“房”指三间之左右室

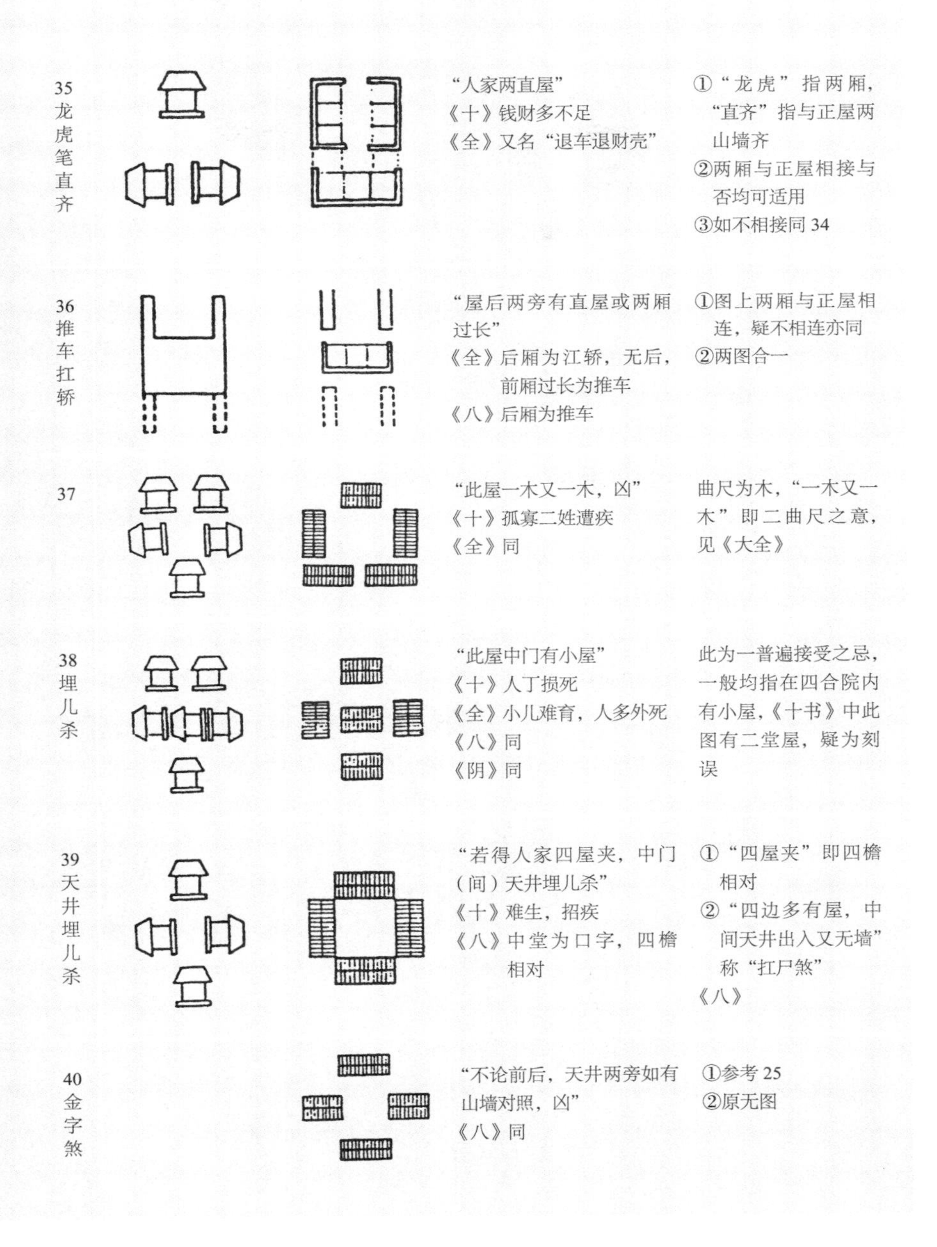

35 龙虎笔直齐	“人家两直屋” 《十》钱财多不足 《全》又名“退车退财壳”	①“龙虎”指两厢，“直齐”指与正屋两山墙齐 ②两厢与正屋相接与否均可适用 ③如不相接同34
36 推车扛轿	“屋后两旁有直屋或两厢过长” 《全》后厢为江轿，无后，前厢过长为推车 《八》后厢为推车	①图上两厢与正屋相连，疑不相连亦同 ②两图合一
37	“此屋一木又一木，凶” 《十》孤寡二姓遭疾 《全》同	曲尺为木，“一木又一木”即二曲尺之意，见《大全》
38 埋儿杀	“此屋中门有小屋” 《十》人丁损死 《全》小儿难育，人多外死 《八》同 《阴》同	此为一普遍接受之忌，一般均指在四合院内有小屋，《十书》中此图有二堂屋，疑为刻误
39 天井埋儿杀	“若得人家四屋夹，中门（间）天井埋儿杀” 《十》难生，招疾 《八》中堂为口字，四檐相对	①“四屋夹”即四檐相对 ②“四边多有屋，中间天井出入又无墙”称“扛尸煞” 《八》
40 金字煞	“不论前后，天井两旁如有山墙对照，凶” 《八》同	①参考25 ②原无图

41	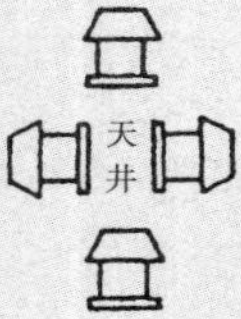 天井	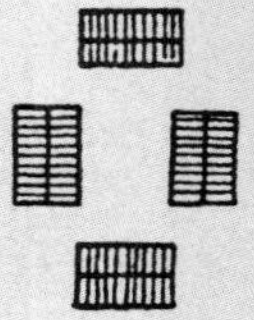	“天井方而浅者为佳” 《全》富贵不离 《阴》同	①《十书》中未表示“方而浅”之意，仅以图示天井 ②天井宜方正为普遍之观念，且有“扁直均凶”之断，《全》《阴》
42 品字房	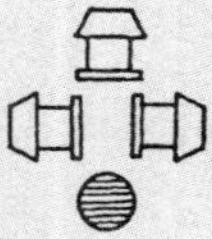		“此个人家品字样” 《十》吉，富贵声名通帝邸	
43 暗算房		 二间	“南北二间山头顶二房檐” 《全》破财盗贼 《阴》同	①山墙顶檐之意 ②又有“暗箭房”之说，概指直冲正房
44 傍台房		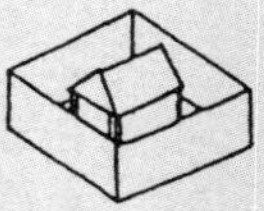	“堂屋一座，东西直过道来往，四面墙高，屋舍低下，四直冲空” 〈全〉盗贼、伤财、官讼	此指四外墙高耸，内屋不依格局 《阴》同，名为倚台房
45 晒尸房			“盖房经年不盖完名之” 《十》疾病阴小损。	未苫盖者称厂屋房 《全》 《阴》 《全》未盖瓦称凋零房
46 披头房			“只图省力，就墙上搭椽盖厦，有栋无脊，就墙苫盖者” 《全》多灾疾 《阴》同	此指单面坡
47 单翅房		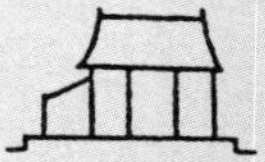	“旧堂房东墙立厦横椽，或逆顺插一小屋，凶” 《全》先伤子孙，后损血财 《阴》同	①指旧屋新添 ②参考 01

48 双翅房	 “堂房四面伏顶搭上椽捉厦者，凶” 《全》家道破损不利 《阴》同	①亦称旧宅 ②参考 03
49 人翅房	 “旧堂房前后又安新椽者” 《全》灾疾，官事 《阴》同，名“插翅房” 《十》同	不可伸出新檐
50 焦尾房	 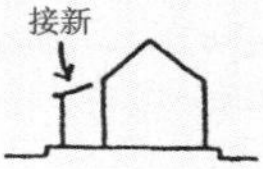 “不论某房多年再前重接厦” 《十》不祥	①亦称焦耳房 ②椽而有柱即为厦 ③前后厦亦凶 《十》
51 患尾房	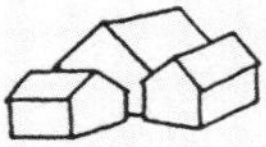 “旧堂房或前后左右又接二椽，又不成一间，只为厦牵” 《全》忤逆词讼破财	①“二椽”疑为双面坡顶 ②左右接椽之方式待考
52 龟背庄头房	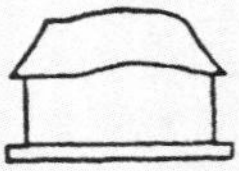 “旧堂房四边低下，又新插一椽，其屋中心高” 《全》损财伤疾 《阴》同	此文不通，又无图，意难明，“龟背”疑为屋顶损坏后之形状，故画如图，“庄头”之意待考
53 漏星房	 “旧宅房忽然四面安窗五七处门户二三处” 《全》小儿疾，破财损伤 《阴》同	不可四面开窗之忌
54 凤台房	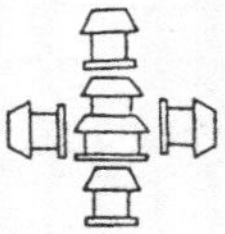 “旧宅忽然中心盖楼房，四面吊窗” 《全》官讼破财，男凶强，女乱游	参考 32
55 星堂房	 “旧房破星大漏有窟者，凶” 《十》官灾横事，人财不旺	屋漏见天之意

56 瘫阴房	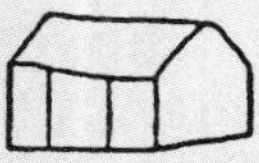		“拆房一半留一半名之，凶” 《十》人不利，口舌，官事 《全》阳屋男伤，阴屋女伤 《阴》同上	患，疑为“瘓”字
57 枯骨房			“新房两三年垒起，垒坚不掩盖” 《全》灾疾耗财 《阴》同	新屋未完而倾
58 赤脚房			“年久损坏，前后檐椽无笆箔，雨水浸烂二三尺” 《全》耗财，人亡，多疾，离 《阴》同	《八》屋宇不整，曰破立碑，椽头露齿，“零丁房”也。“赤脚”，为以形名，“零丁”为以意名
59 露脊房			“旧堂年久损坏，露脊出或山柱或梁破坏，雨淋朽者” 〈全〉疾亡，出家，破财 《阴》同	《八》栋断梁斜，“疾痛宅”也 “露脊”为以形名，“疾痛”为以意名
60 露骨房			“旧房年久损坏，立起不苫盖或垒墙为泥” 〈全〉祸疾狂 《阴》同	同名见 72、73
61 孤独房		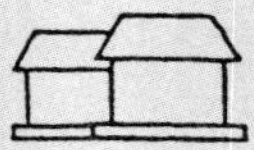	“旧屋二三间，或新旧相接，不成宅体，凶” 《全》多疾，耗财，伤大畜，小口疾 《阴》同，名为“偏身房”	
62			“前檐滴后檐，两层屋相连不宜” 《八》凶	
63 穿心煞			“屋前如有梁木搭板，暗中檐架” 《八》凶	文义不明，“梁木搭板”疑为平板，“穿心”疑为梁木冲人檐架之意

64	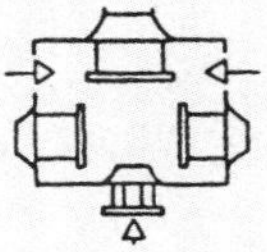	"一家连开三门，为品字，凶" 《八》主口舌	①品字为三口之形象 ②门不宜过二之意
65	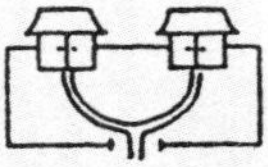	"门前四面围墙，中间开一门，东西二家，具经一门入，主凶" 《八》	
66 相骂门	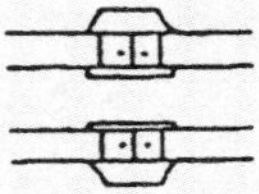	"两门相对，凶" 《八》主家不合	甚为流行之禁忌
67	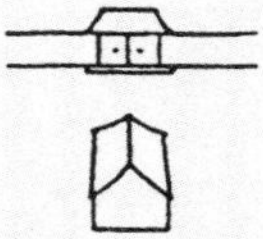	"墙垛或屋尖当门者凶" 《八》	后世至今日普遍相信之禁忌
68	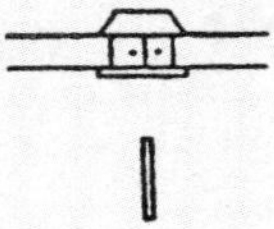	"不论前一线门首或盈柱（当门者），凶" 《八》	同上
69 穿煞		"山尖中开门，凶" 《八》	这是后世一般之原则，与西式建筑适相反者
70	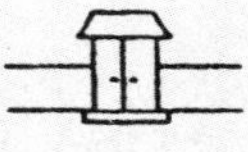	"门扇高于墙壁，主哭泣" 《全》 《八》	
71		"房门上转轴透出，凶" 《八》主生产不易	适中，不可"过"，为中国之原则

72 露骨房			“屋脊两头露出边” 《全》刑耗人灾 《阴》同，名露梁房	同上 同名异议，见52、58
73 露骨房			“盖房不截房檐木者名之” 《十》破财哭泣	椽条不宜伸出之意，同名异议，见52、57
74 露肘房			“凡屋四角整齐，或上木料不盖合” 《十》阳人有灾	文义难解 似为椽条不宜外露，应用木板盖合之意
75			“不论前后檐下水滴在阶檐上者” 《八》凶	台基不可大过屋檐或等长，此显为民宅之习惯。 “阶檐”疑为“阶沿”之误
76 悬针煞		床	“床横有柱者，名之” 《八》主损小口	此实表示床跨两间之意，今人则以梁横床上为忌
77 出迍			“屋上大梁又加八字木者凶” 《八》	后世废除斜撑，渐悬为禁忌
78	房 房 堂		“有左无右” 《全》凶，寡无后	对两间房正式悬为禁忌
79	堂 房 房		“有右无左” 《全》凶，世代寡妇	
80	厨 厨 厨 房 房 房		《全》败绝格	房虽三间，但平等的应用亦不可，必须有主从

二、外形

（一）宅居地形吉凶

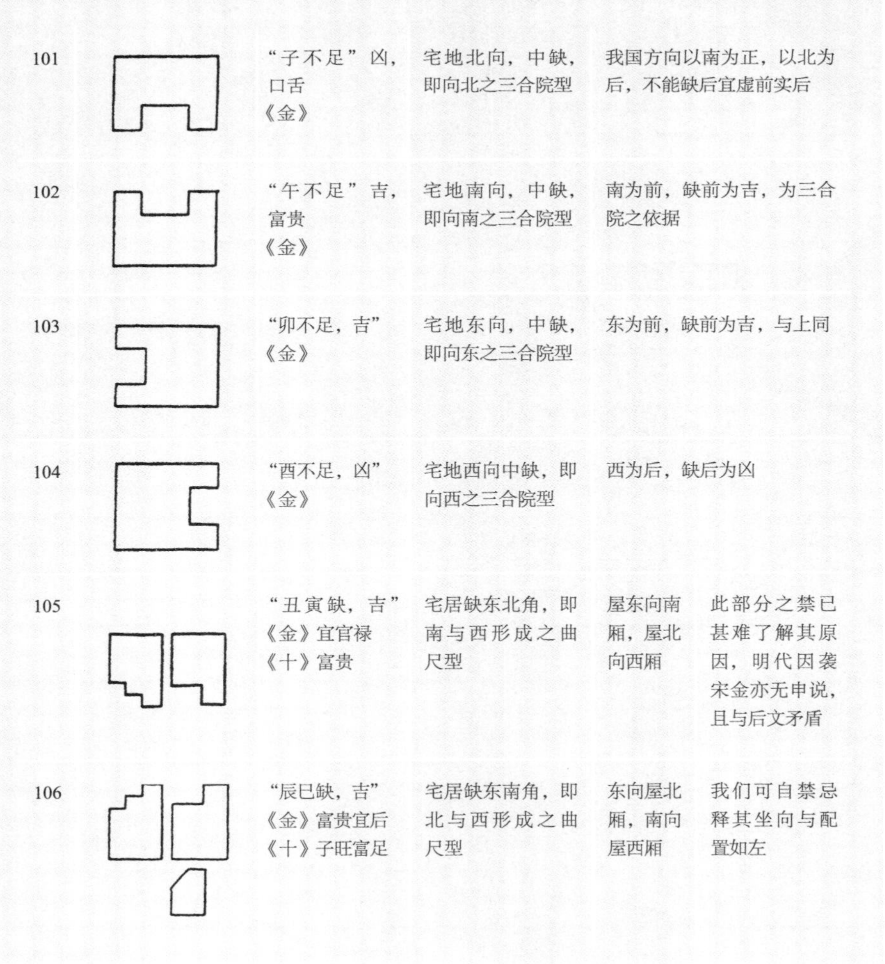

101	"子不足"凶，口舌 《金》	宅地北向，中缺，即向北之三合院型	我国方向以南为正，以北为后，不能缺后宜虚前实后	
102	"午不足"吉，富贵 《金》	宅地南向，中缺，即向南之三合院型	南为前，缺前为吉，为三合院之依据	
103	"卯不足，吉" 《金》	宅地东向，中缺，即向东之三合院型	东为前，缺前为吉，与上同	
104	"酉不足，凶" 《金》	宅地西向中缺，即向西之三合院型	西为后，缺后为凶	
105	"丑寅缺，吉" 《金》宜官禄 《十》富贵	宅居缺东北角，即南与西形成之曲尺型	屋东向南厢，屋北向西厢	此部分之禁已甚难了解其原因，明代因袭宋金亦无申说，且与后文矛盾
106	"辰巳缺，吉" 《金》富贵宜后 《十》子旺富足	宅居缺东南角，即北与西形成之曲尺型	东向屋北厢，南向屋西厢	我们可自禁忌释其坐向与配置如左

107	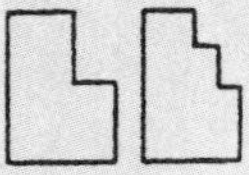 “申未缺，吉” 《金》《十》宜官禄 《十》凶	宅居缺西南角，即北与东形成之曲尺型	南向屋东厢，西向屋北厢	我们可自禁忌释其坐向与配置如左
108	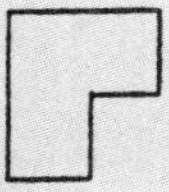 “戌亥缺，凶” 《金》不宜仕官 《十》吉，子孙兴旺	宅居缺西北角，即南与东形成之曲尺型	屋北向东厢，屋西向南厢	
109	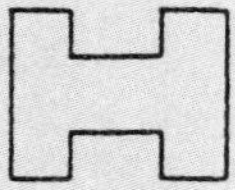 “子午缺，凶” 《金》 《十》	东西向宅不宜工字型	后代对工字型各种方向均不吉	
110	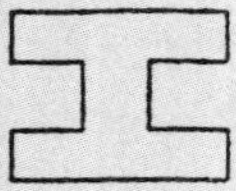 “酉卯缺，吉” 《金》《十》 《全》后代有人命破财 《八》工字煞	南北向宅可以采工字型	明代后工字型为不吉，称“直舍”，《神搜经》云“惟衙门可用”，此处《阳宅十书》乃因袭宋金传统说法	
111	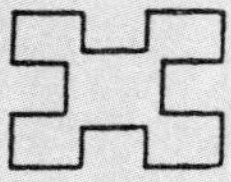 “子、午、酉、卯缺，吉” 《金》	向心型宜采四隅伸展		
112	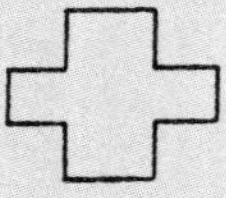 “四维不足，凶” 《金》 （四维为四隅之意）	向心型不宜十字型		
113	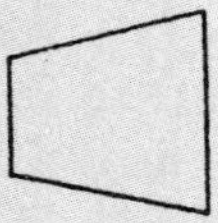 “左短右长，吉” 《金》富贵	东向宅，门厅窄，后堂阔	我国习惯以左为前，以右为后，此为同于“前狭后阔，吉”之理，明代将此与115并	
114	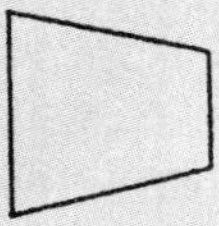 “左长右短，凶” 《金》少子孙	东向宅，门厅阔，后堂窄	此合于“前阔后窄，凶”之理，明代将此与116并	

115		“前狭后阔，吉” 《金》富贵 《十》富贵平安	南向宅，门厅窄，后堂阔	前狭后阔，为不得方正格局时之选择，此一价值观与国人深藏不露之道德观相通
116		“前阔后窄，凶” 《金》贫乏 《十》财破人死 《全》初代男痨，二代女缢	南向宅门厅阔，后堂窄	《神搜经》认此为火形
117		“南北长，东西狭，吉” 《金》 《十》	①与 109 同 ②或可解释为进深大于面阔之基地	图样与说明不甚相符，图样为一拙笨之说明，亦可视说明为错误
118	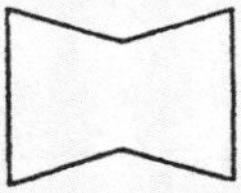	“东西长，南北狭，初凶后吉” 《金》 《十》	①与 110 同 ②或可解释为进深小于面阔之基地	同上
119		“东西宽大，前后尖，凶” 《十》		同上
120	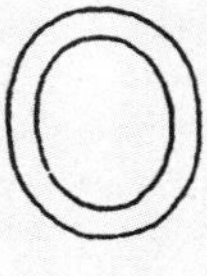	“中央高大号圜丘，吉” 《十》富贵	①主屋比四周高大 ②轮廓近圆	图样与说明不甚相符 图样具有解释性，亦指其形状
121		“仰目之地，吉” 《十》富贵		同上

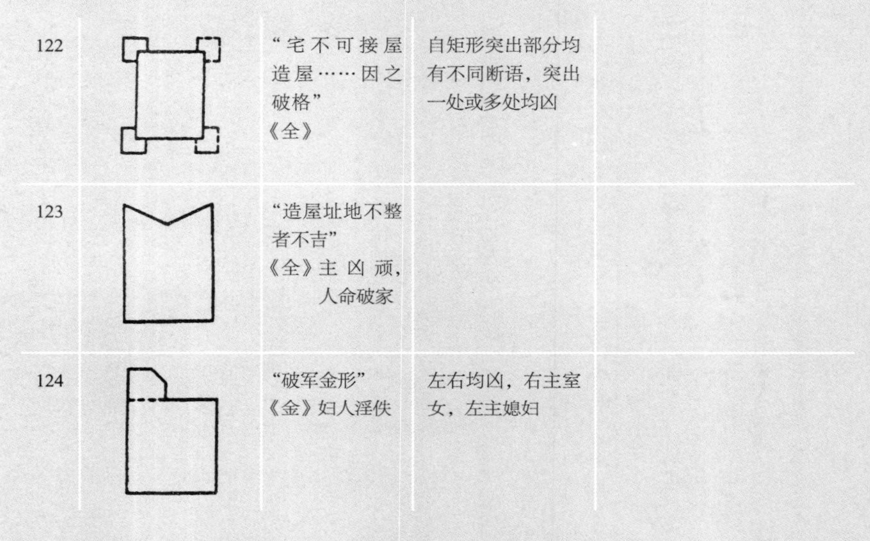

122		“宅不可接屋造屋……因之破格” 《全》	自矩形突出部分均有不同断语，突出一处或多处均凶	
123		“造屋址地不整者不吉” 《全》主凶顽，人命破家		
124		“破军金形” 《金》妇人淫佚	左右均凶，右主室女，左主媳妇	

（二）环境地势高低吉凶

201	下 高	“西高东下，吉下” 《金》 《十》	面东之宅前低后高	国人于坡地，喜前低后高，自低处向上。据金张谦云，阴宅适相反。以下数条可看出宋代对环境之吉凶判断，可不必因建筑而为之
202	高 下	“东高西下，非吉” 《金》 《十》	面东之宅前高后低	同上
203	下 高	“北高南下，吉” 《金》	面南之宅前低后高	同上

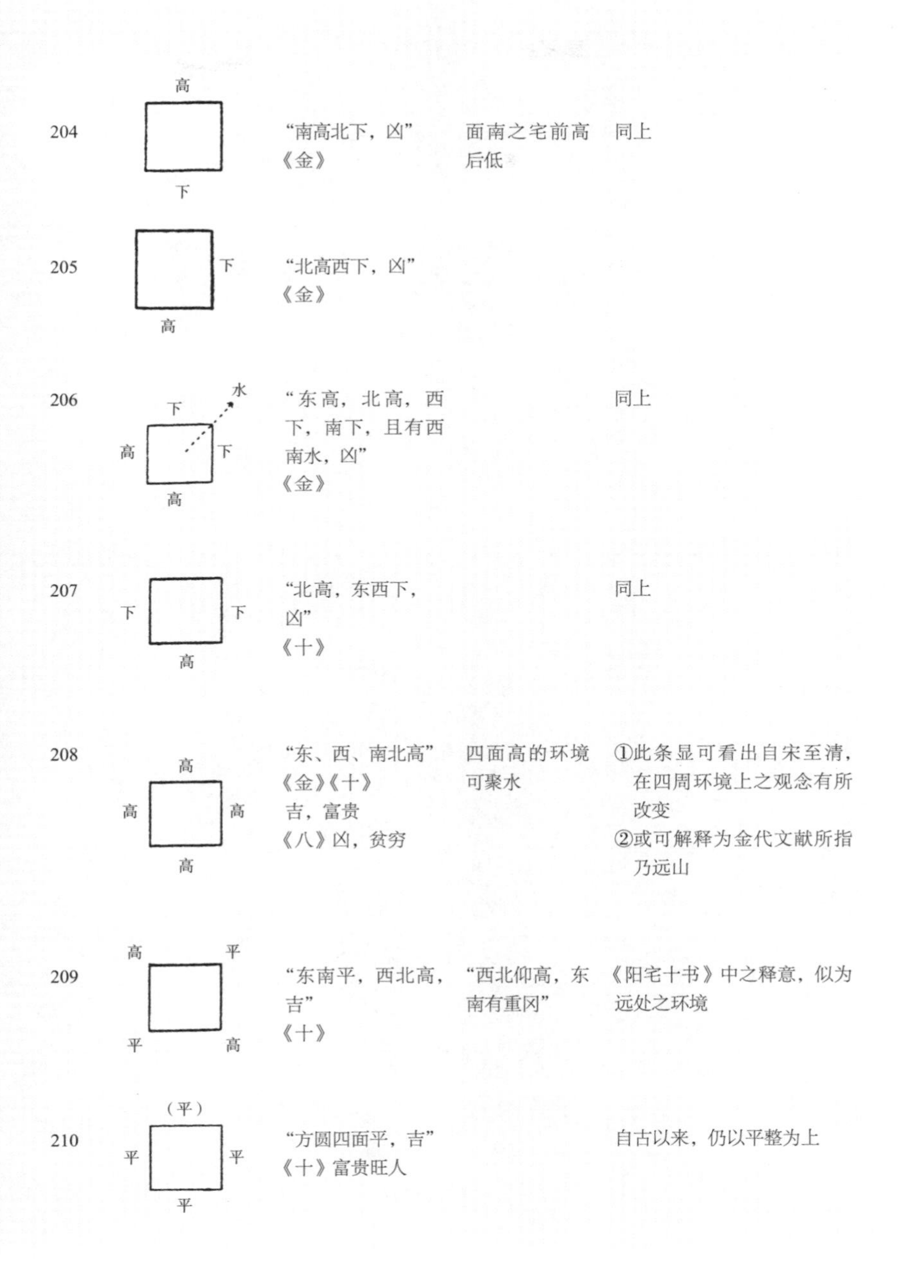

204	高（上）、下（下）	"南高北下，凶" 《金》	面南之宅前高后低	同上
205	下（右）、高（下）	"北高西下，凶" 《金》		
206	下（上）、高（左）、下（右）、高（下）、水	"东高，北高，西下，南下，且有西南水，凶" 《金》		同上
207	下（左）、下（右）、高（下）	"北高，东西下，凶" 《十》		同上
208	高（上）、高（左）、高（右）、高（下）	"东、西、南北高" 《金》《十》 吉，富贵 《八》凶，贫穷	四面高的环境可聚水	①此条显可看出自宋至清，在四周环境上之观念有所改变 ②或可解释为金代文献所指乃远山
209	高（左上）、平（右上）、平（左下）、高（右下）	"东南平，西北高，吉" 《十》	"西北仰高，东南有重冈"	《阳宅十书》中之释意，似为远处之环境
210	（平）（上）、平（左）、平（右）、平（下）	"方圆四面平，吉" 《十》富贵旺人		自古以来，仍以平整为上

211	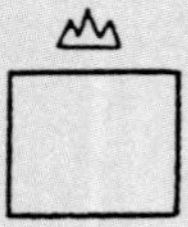	"前有山，凶" 《十》灭门		参考 204，高与山同，山型为香炉型，吉
212	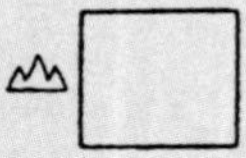	"东有山，凶" 《十》		参考 202，高与山同
213	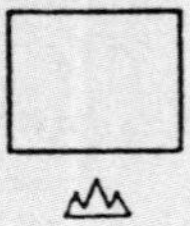	"后有山，吉" 《十》		参考 203，高与山同
214	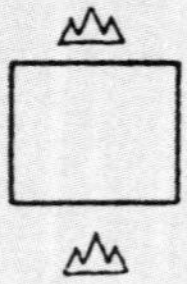	"前后有山，凶" "前后有沙，吉" 《十》		"沙"亦为山，在风水，"沙"为高起之目标。《阳宅十书》显有矛盾
215	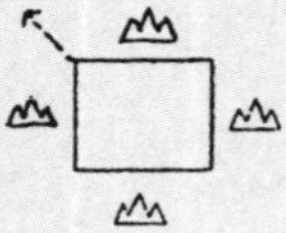	"四周有山，吉" 《金》		参考 208
216		"干地有丘，吉" 《十》后乡	丘为土山 原图错，改正	本条以下，包括丘、"坵"，"坵"为坟
217		"东北兵坟在艮方，吉""艮地有孤坟，凶"(百步内) 《十》 "东北有丘，吉" 《金》		东北为吉方，但孤坟不吉，故宜远 参考 227

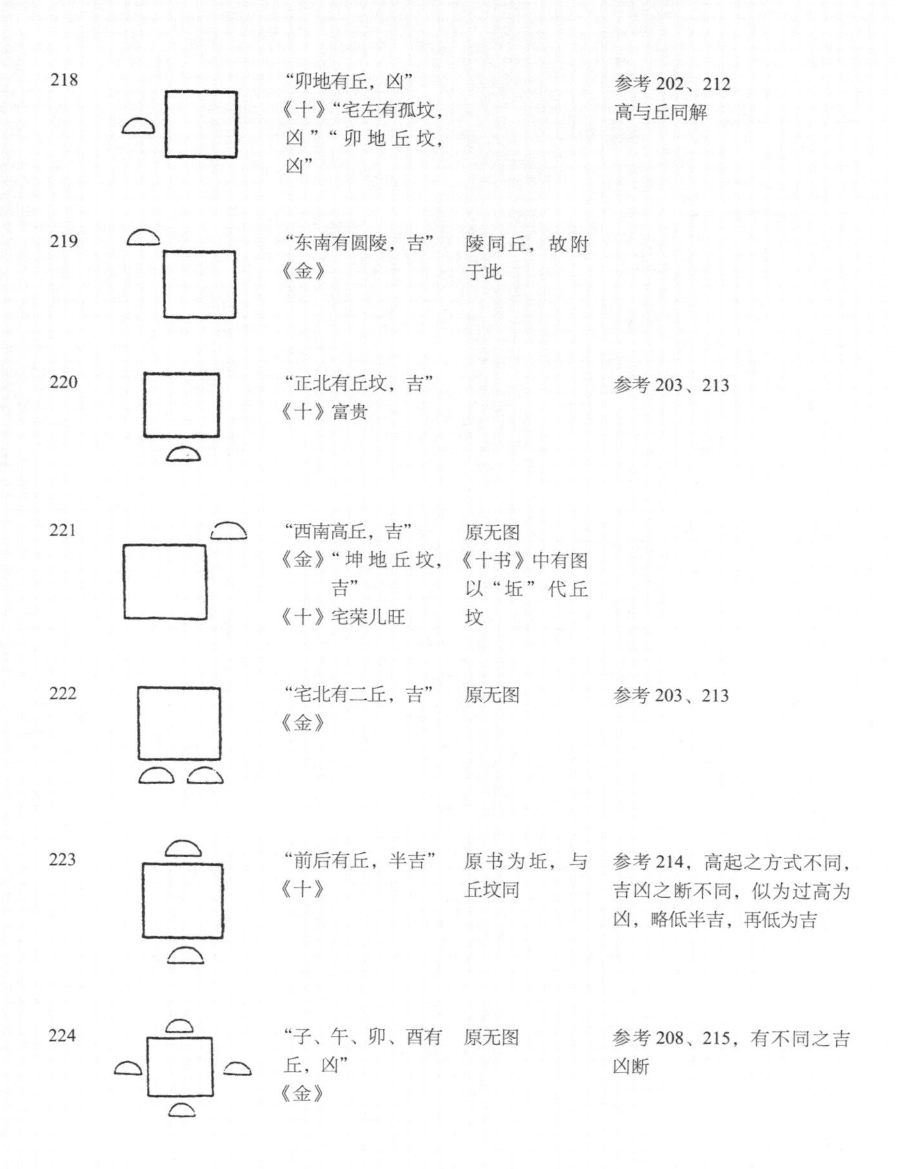

218	“卯地有丘，凶” 《十》“宅左有孤坟，凶”“卯地丘坟，凶”		参考 202、212 高与丘同解
219	“东南有圆陵，吉” 《金》	陵同丘，故附于此	
220	“正北有丘坟，吉” 《十》富贵		参考 203、213
221	“西南高丘，吉” 《金》“坤地丘坟，吉” 《十》宅荣儿旺	原无图 《十书》中有图 以“坵”代丘坟	
222	“宅北有二丘，吉” 《金》	原无图	参考 203、213
223	“前后有丘，半吉” 《十》	原书为坵，与丘坟同	参考 214，高起之方式不同，吉凶之断不同，似为过高为凶，略低半吉，再低为吉
224	“子、午、卯、酉有丘，凶” 《金》	原无图	参考 208、215，有不同之吉凶断

225		“丑、辰、未、戌有丘，吉”《金》	原无图	
226	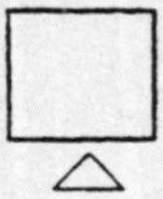	“宅后有高冈，吉”《十》	冈（岗）山脊	参考203、213、217，均与高同解
227	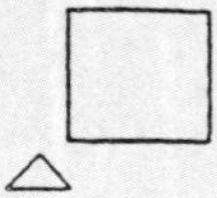	“艮方有丘，有冈，皆吉”《十》		
228	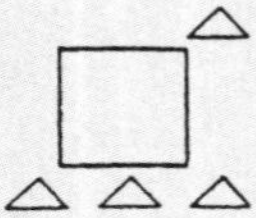	“坤、乾、坎，艮山冈高，前平，吉”《十》人旺出众		
229	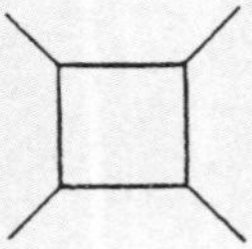	“宅门在龙头上，凶”《全》	龙头即高处顶上，宅不可建在高处	四面流水向外为凶，四面流水向内为吉，参考208、215

（三）环境水势吉凶

301	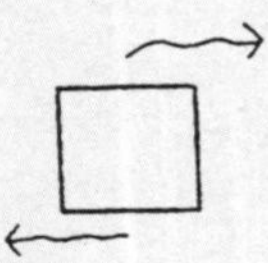	“修宅涯水头，凶”“门前屋后流泪水，凶”《十》	宅于水源是不吉的，“流泪水”即点滴成流之源	此条之解释仍以较大之环境为宜，即在宅之附近为水之起源
302		“水直来射，谓前水，凶”《金》子孙诛灭《全》家散	水来之方向不定，但以面正门为最	实际情形甚少，但一般概括解释水流直冲，包括以下二例

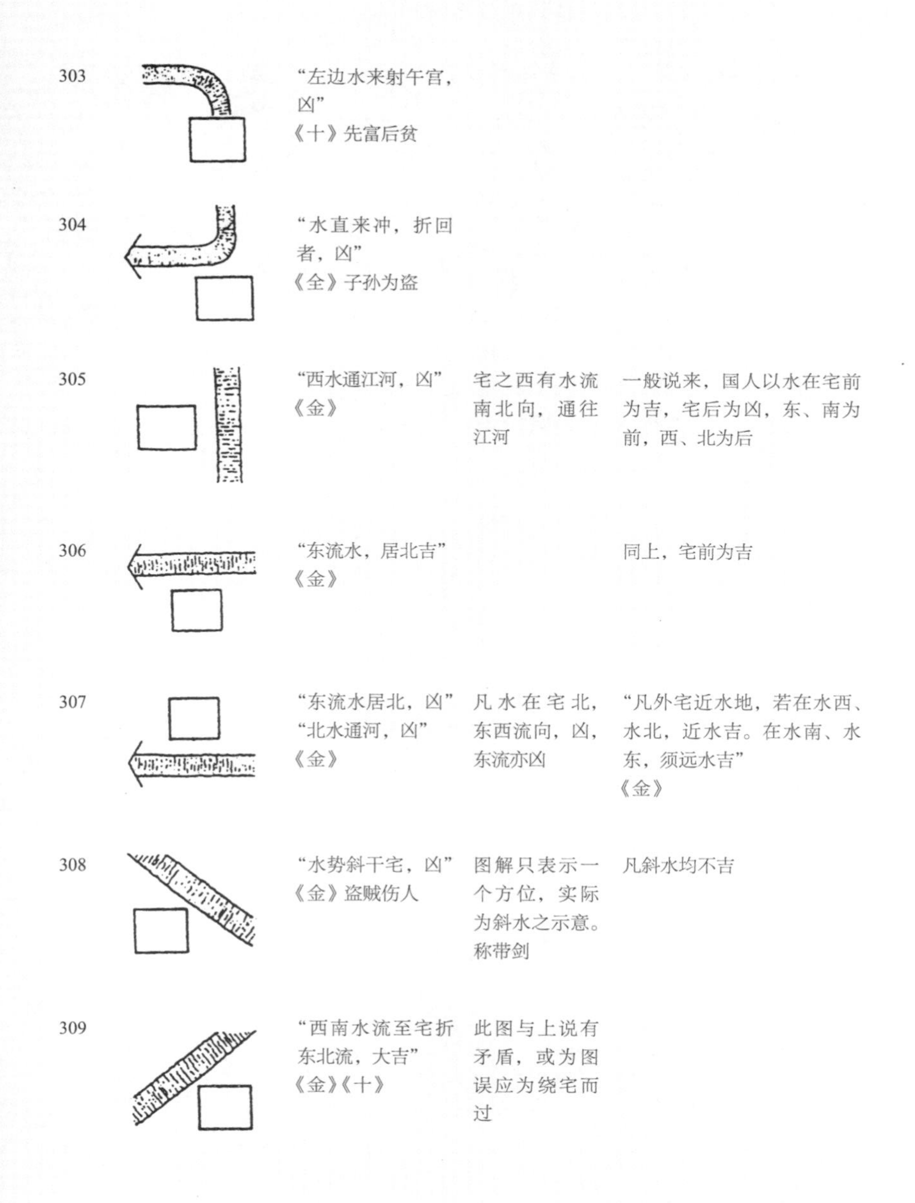

303	“左边水来射午宫，凶” 《十》先富后贫		
304	“水直来冲，折回者，凶” 《全》子孙为盗		
305	“西水通江河，凶” 《金》	宅之西有水流南北向，通往江河	一般说来，国人以水在宅前为吉，宅后为凶，东、南为前，西、北为后
306	“东流水，居北吉” 《金》		同上，宅前为吉
307	“东流水居北，凶” “北水通河，凶” 《金》	凡水在宅北，东西流向，凶，东流亦凶	“凡外宅近水地，若在水西、水北，近水吉。在水南、水东，须远水吉” 《金》
308	“水势斜干宅，凶” 《金》盗贼伤人	图解只表示一个方位，实际为斜水之示意。称带剑	凡斜水均不吉
309	“西南水流至宅折东北流，大吉” 《金》《十》	此图与上说有矛盾，或为图误应为绕宅而过	

310	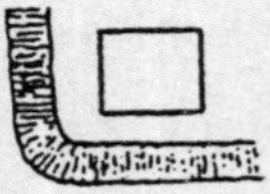	“水曲，宅居曲中，大吉”《金》	正角曲	在水曲之中设宅，有藏聚之意，均吉，此为一般原则
311	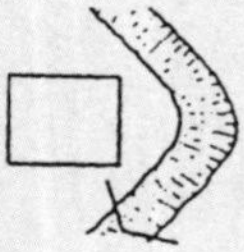	“东南水西过宅，东北去吉”《金》	斜角曲	同上，有方向性
312	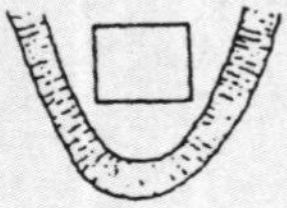	“水流西南来，东有山，宅在水曲中，大吉”《金》	因山而出现锐角曲	同上
313	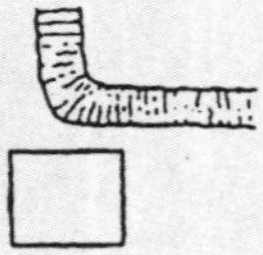	“水曲在宅南，凶”《金》		一般言之在水曲外侧设宅、墓均不吉
315	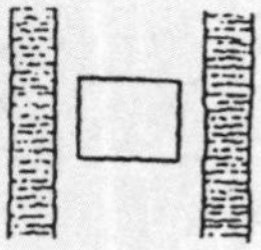	“左右有长波，吉”《十》儿孙福禄	稀有之情形	
316	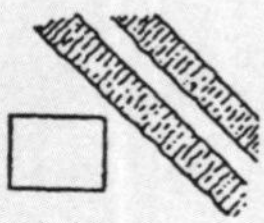	“南两水流向西，凶”《金》不孝，残疾	不可能之情形	
317	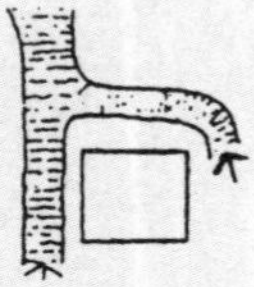	“两水相激触，凶”《金》子孙相拼		

编号	图	内容	说明
318		“地为牛鼻汗，日清血水，凶” 《金》子孙恶疾	以下诸例，均为对自然环境所下之判断，与方位无关，明代以后不复有此等禁忌
319		“乱水无沟脉者，凶” 《金》子孙淫邪	
320		“因雨则停，无雨则干，凶” 《金》血山	
321		“水发朱雀入真武，凶” 《金》子孙不孝	
322	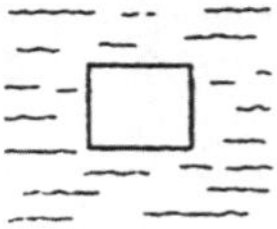	“四方有水，宅居中央，凶” 《金》新富后贫，伤子孙	
323	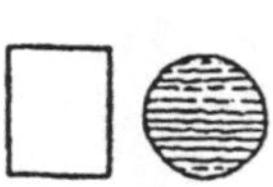	“西有池，凶” 《金》《十》	池亦为水，其与宅关系吉凶，原则上与河流相同，宜东、宜南，不宜西、北
324	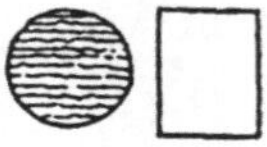	“东百步有泽，吉” 《金》	凡水近宅太近均不利，故在吉方，亦宜有百步之远

325	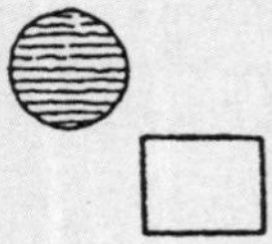	"东南有泽，富" 《金》 "辰巳有塘，吉" 《十》		明代指出较精确之方向，其故不详
326	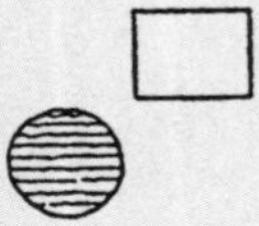	"东北有泽，凶" 《金》		东北宜高，泽为低 参考 227
327	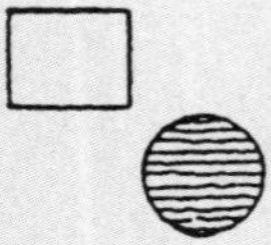	"西北高有池，吉" 《金》 "西北乾宫有池，凶" 《十》		西北宜高，池为低 参考 206

（四）道路吉凶

401	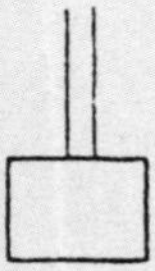	"南有道来，凶" "午方道冲，凶" 《金》 《十》 《八》	有重复之说明足证重视	①道路直冲均凶，自古为然 ②所冲之凶兆，多有不同解释且属意会 ③道路与水流除东、西反向外，余可参照
402		"北有道来，凶" "子方道来，凶" 《金》 《十》	同上	同上 路冲仅指对门而言，以下图至 408 均冲门
403	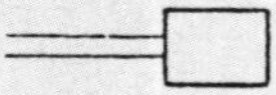	"东有道来，凶" "卯方道来，凶" 《金》	同上	同上

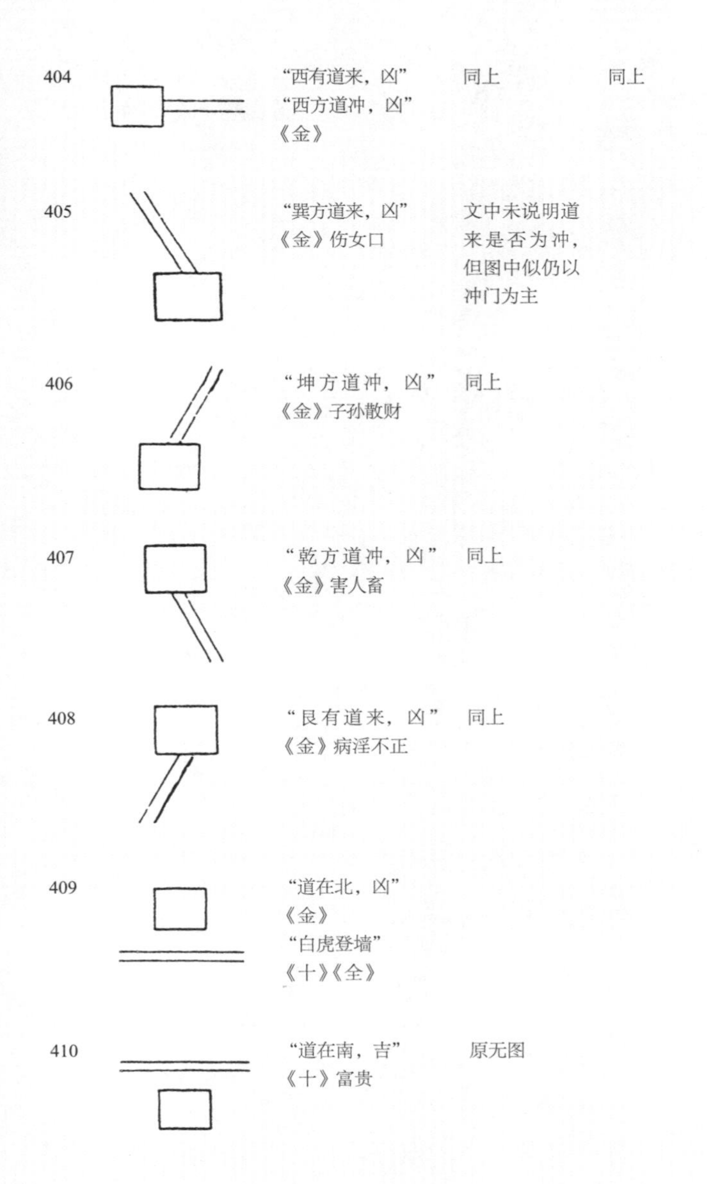

404	"西有道来，凶" "西方道冲，凶" 《金》	同上	同上
405	"巽方道来，凶" 《金》伤女口	文中未说明道来是否为冲，但图中似仍以冲门为主	
406	"坤方道冲，凶" 《金》子孙散财	同上	
407	"乾方道冲，凶" 《金》害人畜	同上	
408	"艮有道来，凶" 《金》病淫不正	同上	
409	"道在北，凶" 《金》 "白虎登墙" 《十》《全》		
410	"道在南，吉" 《十》富贵	原无图	

411	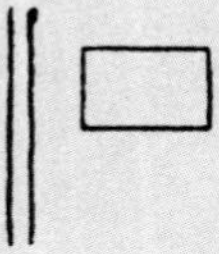	“道在左，先吉，后凶” 《十》		无道在西之图说，在宋元之前，道在西为吉，视为当然也
412	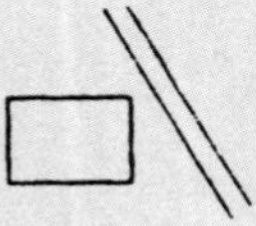	“西南大路，吉” 《全》家富	原无图	
413	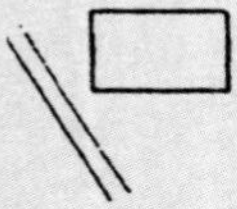	“东北大路，凶” 《全》贪	原无图	未见有东南、西北两角有大路之图说
414	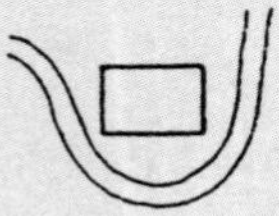	“道从前来，绕宅自南出，凶” 《金》		
415	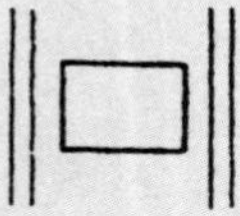	“左右两旁有大道，凶” 《十》死伤，财破 《全》言出，事难	有图写“道”字	
416	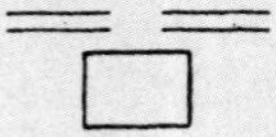	“东西有道在门前，吉” 《十》子孙富贵	有图仅写“道”字 此图为一仅有的解释，虽不合理	参考 410，实同。可能为国人民间习惯说法，因路通两向也
417	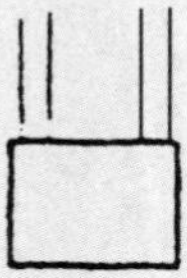	“东西有道直冲怀，凶” 《十》病灾	有图仅写“道”字	

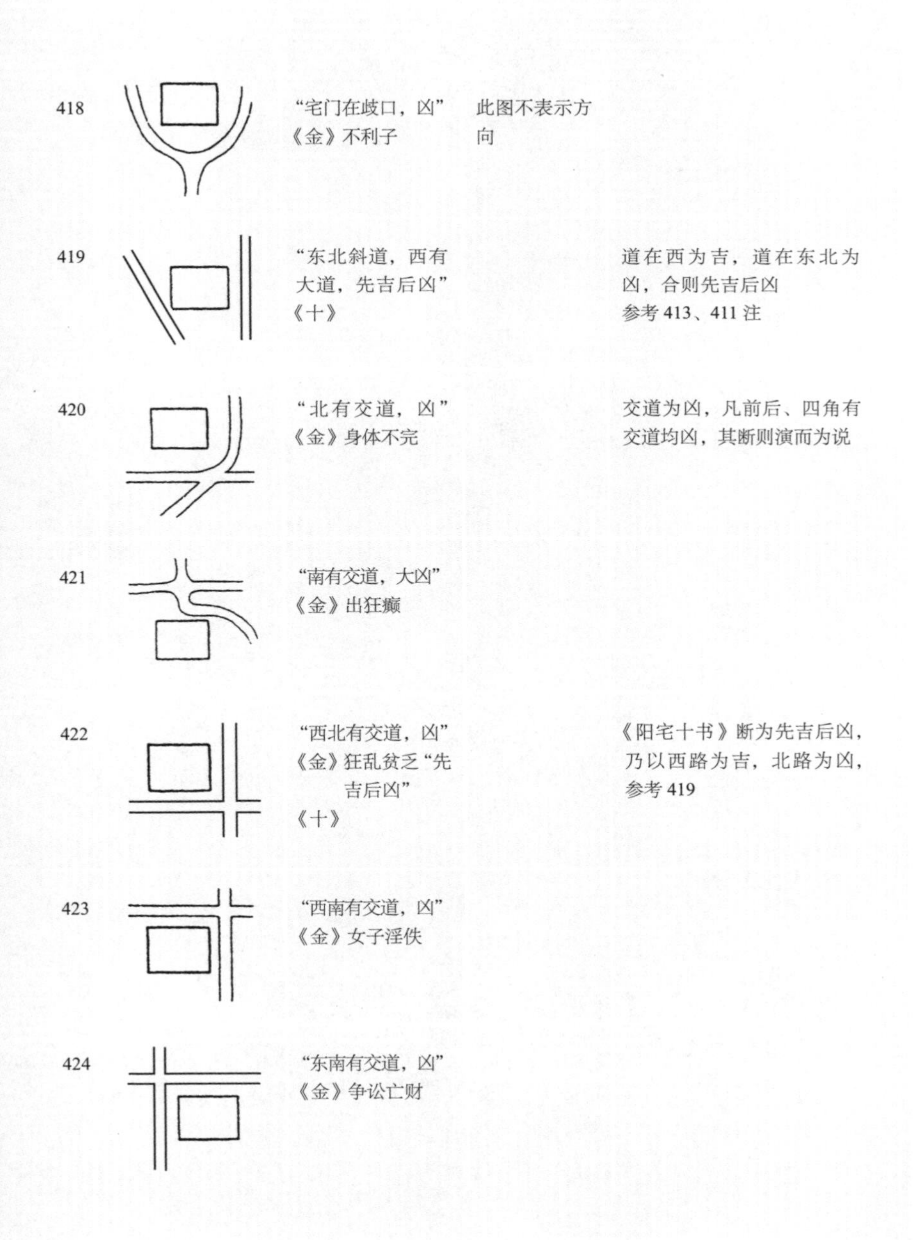

编号	原文	注
418	“宅门在歧口，凶” 《金》不利子	此图不表示方向
419	“东北斜道，西有大道，先吉后凶” 《十》	道在西为吉，道在东北为凶，合则先吉后凶 参考 413、411 注
420	“北有交道，凶” 《金》身体不完	交道为凶，凡前后、四角有交道均凶，其断则演而为说
421	“南有交道，大凶” 《金》出狂癫	
422	“西北有交道，凶” 《金》狂乱贫乏“先吉后凶” 《十》	《阳宅十书》断为先吉后凶，乃以西路为吉，北路为凶，参考 419
423	“西南有交道，凶” 《金》女子淫佚	
424	“东南有交道，凶” 《金》争讼亡财	

425	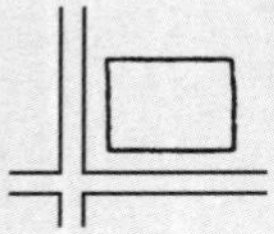	"东北有交道，凶" 《金》鬼病连绵		
426	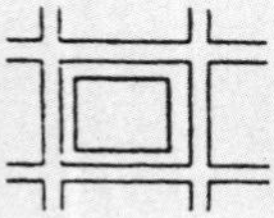	"四面有交道，凶" 《金》淫佚风邪 《十》损财祸死		
427	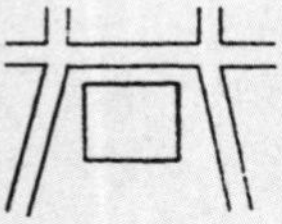	"交路夹门，凶" 《十》人口不存 《全》人口不存		

（五）多种因素之综合

501	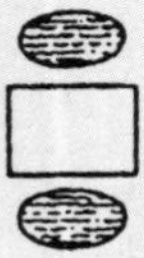	"宅南有池，北有泽，吉" 《金》	泽亦为池，较池为大	宅南有池为吉
502	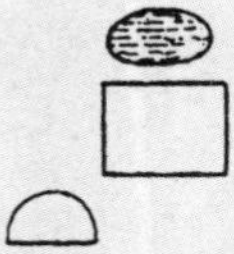	"宅南有池，东北有丘，吉" 《金》富贵		两吉相加，参考 217
503	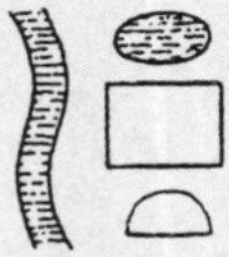	"南有池，后有陵，西北高，吉" 《十》富贵		三吉相加，参考 305、220
504	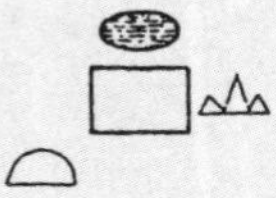	"南有池，东北有丘，西又有山，吉" 《金》富贵，子孙盛		三吉相加，参考 502、201

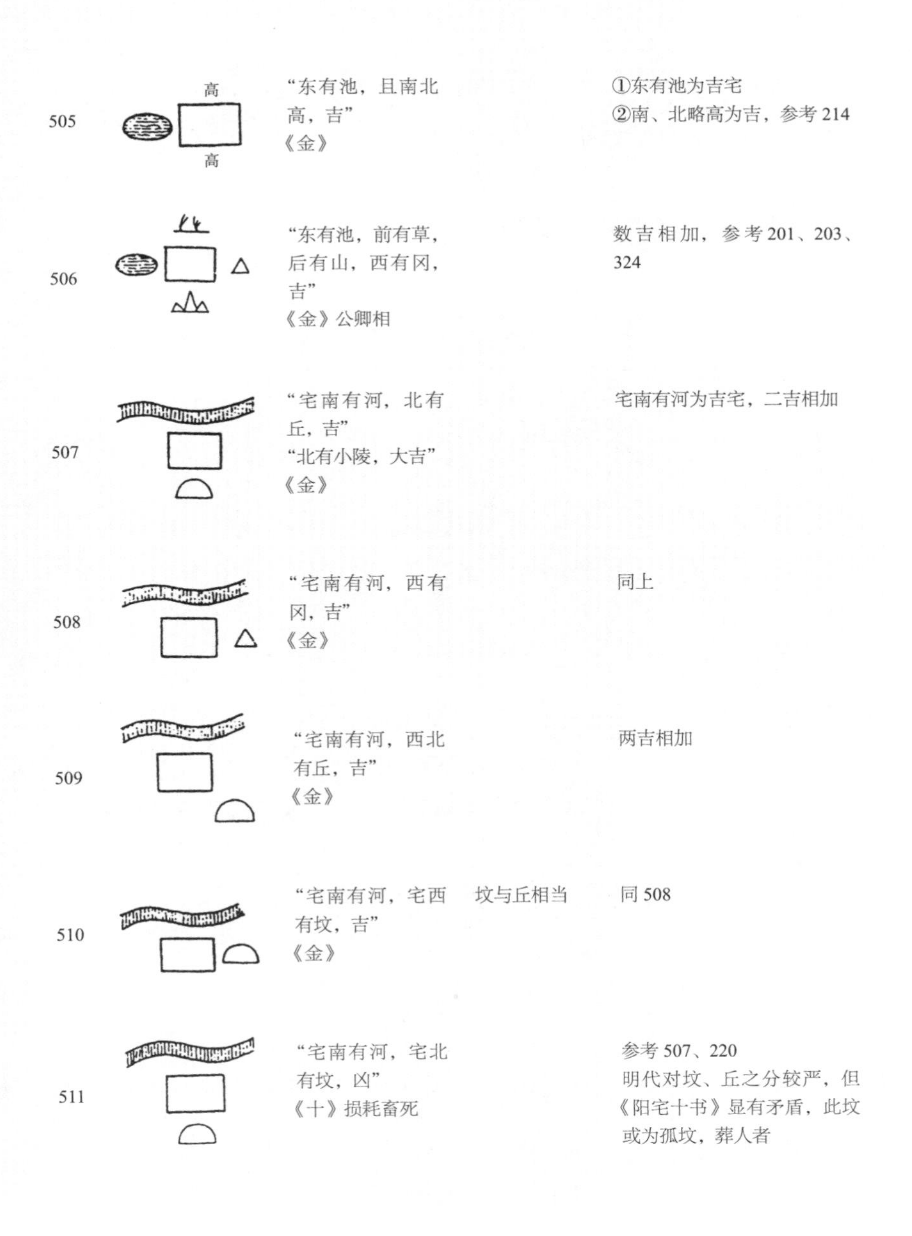

编号	文	备注	说明
505	“东有池，且南北高，吉” 《金》		①东有池为吉宅 ②南、北略高为吉，参考 214
506	“东有池，前有草，后有山，西有冈，吉” 《金》公卿相		数吉相加，参考 201、203、324
507	“宅南有河，北有丘，吉” “北有小陵，大吉” 《金》		宅南有河为吉宅，二吉相加
508	“宅南有河，西有冈，吉” 《金》		同上
509	“宅南有河，西北有丘，吉” 《金》		两吉相加
510	“宅南有河，宅西有坟，吉” 《金》	坟与丘相当	同 508
511	“宅南有河，宅北有坟，凶” 《十》损耗畜死		参考 507、220 明代对坟、丘之分较严，但《阳宅十书》显有矛盾，此坟或为孤坟，葬人者

512	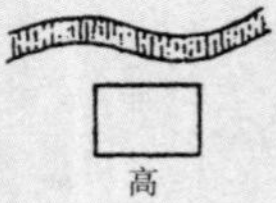 高	“宅南有河，且北高，吉” 《金》富贵	原注宅距河四十步	参考 507、220
513	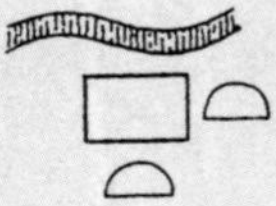	“宅南有河，且西北均有丘，吉” 《金》		数吉相加
514	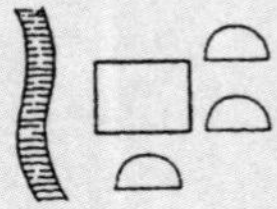	“宅东有水，西有双丘，北有丘，大吉” 《金》天仓吉		
515	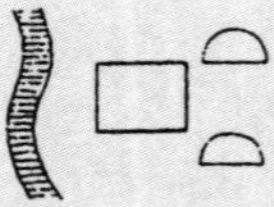	“宅东有水，乾坤大坡，坟墓，吉” 《十》富贵		疑此条由 514 解释而来。乾指西北，坤指西南
516	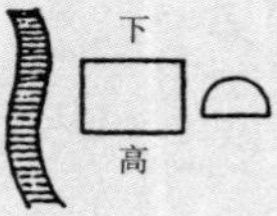 下 高	“宅东有水，且北高南下，西有小陵，吉” 《金》		合数吉
517	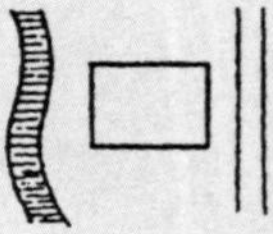	“宅东有水，且西有大道，吉” 《十》		此为合青龙白虎之象，《阳宅十书》因袭古说，明代以后改变
518	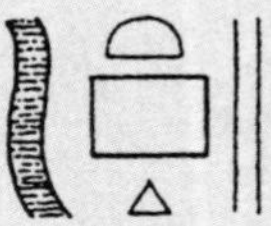	“宅东有水，前有高埠后有冈，吉” 《十》世世居官		
519	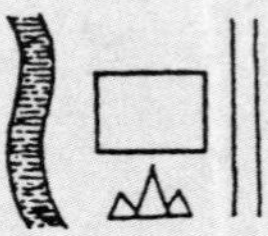	“宅东有水，且北有大山，吉” 《十》出公相		北方有大山，福力长，故大吉

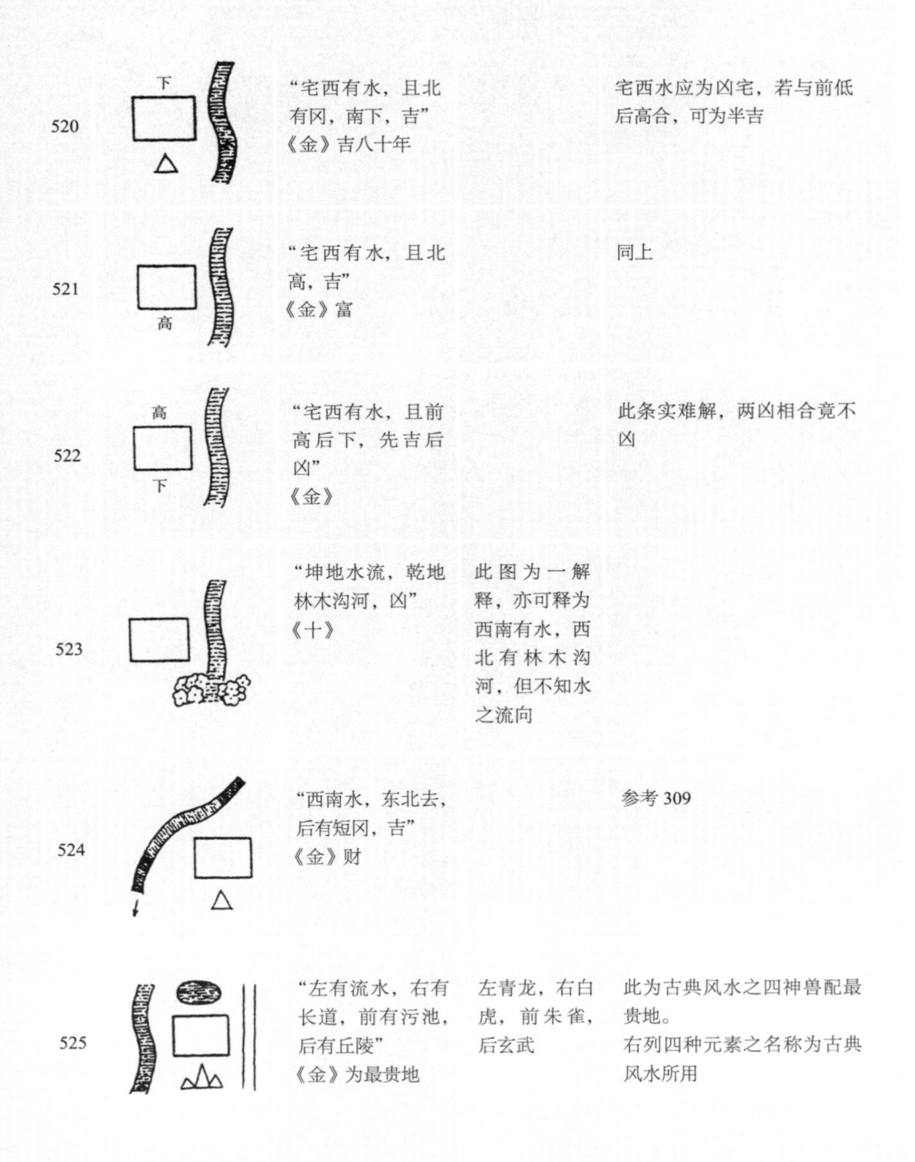

520	下	“宅西有水，且北有冈，南下，吉” 《金》吉八十年		宅西水应为凶宅，若与前低后高合，可为半吉
521	高	“宅西有水，且北高，吉” 《金》富		同上
522	高 下	“宅西有水，且前高后下，先吉后凶” 《金》		此条实难解，两凶相合竟不凶
523		“坤地水流，乾地林木沟河，凶” 《十》	此图为一解释，亦可释为西南有水，西北有林木沟河，但不知水之流向	
524		“西南水，东北去，后有短冈，吉” 《金》财		参考 309
525		“左有流水，右有长道，前有污池，后有丘陵” 《金》为最贵地	左青龙，右白虎，前朱雀，后玄武	此为古典风水之四神兽配最贵地。 右列四种元素之名称为古典风水所用

526		“东、南有水西有道，北有山，吉”《十》富贵女贤		与上条相近，可见《阳宅十书》受宋代之影响
527	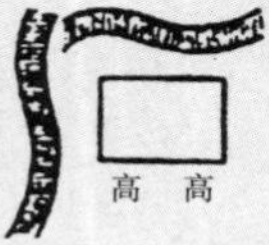 高 高	“东南有水，宅后高绵远，吉”《十》人旺财富		为526之部分
528		“前后山，左右水长渠，吉”《十》富贵		
529	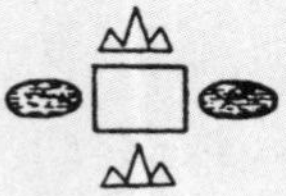	“前后高山两相宜，左右两边有沙池。吉”《十》长命富贵		
530	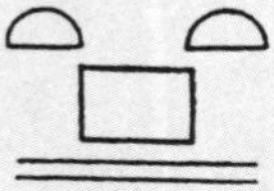	“前左右有丘陵，后道平远，吉”《十》	①“巽地开门”为一条件 ②原图用文字	
531		“前后坟林，凶”《十》家破有灾	原有字无图，但图文不合，此取其文意	
532		“庚辛、壬癸有坟林，吉”《十》儿孙兴	庚辛为西略偏南北，壬癸为北略偏东西，原图文不合	西与北宜林

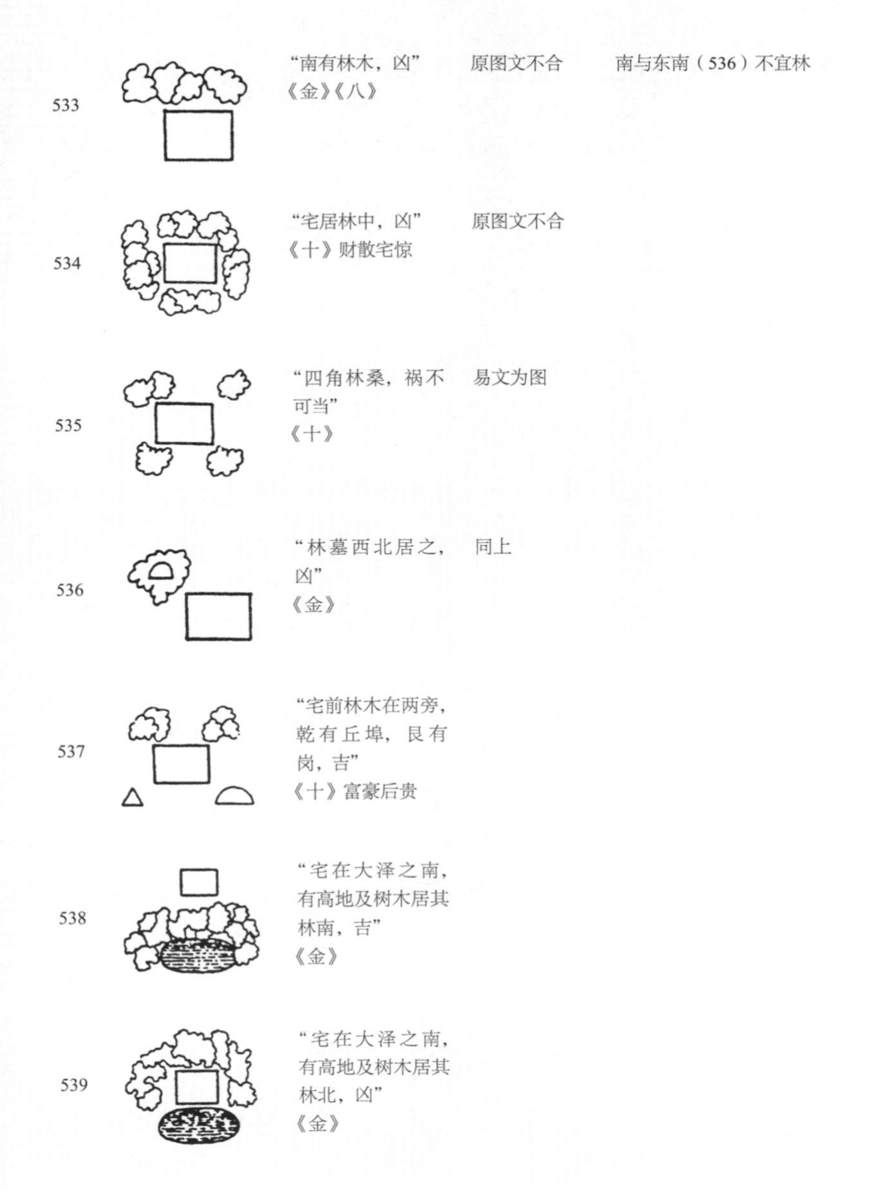

编号	文	评	注
533	“南有林木，凶” 《金》《八》	原图文不合	南与东南（536）不宜林
534	“宅居林中，凶” 《十》财散宅惊	原图文不合	
535	“四角林桑，祸不可当” 《十》	易文为图	
536	“林墓西北居之，凶” 《金》	同上	
537	“宅前林木在两旁，乾有丘埠，艮有岗，吉” 《十》富豪后贵		
538	“宅在大泽之南，有高地及树木居其林南，吉” 《金》		
539	“宅在大泽之南，有高地及树木居其林北，凶” 《金》		

（六）门前吉凶 ：山丘

601 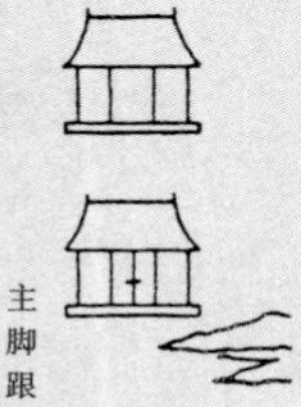 主脚跟	“青龙两山随，凶” 《十》家破匠贼	①门前左边有两山脚伸来 ②图上有两屋，前者为大门，后者为厅堂 ③图上有“主脚跟”三字其意不明，可作以下两种解释： （1）“主”释为“应”，为人体受损，凶事发生在脚跟 （2）为指此形势之名称	图上厅堂之意思不太明显，只表示门在堂前
602 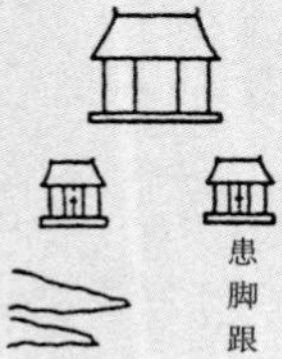 患脚跟	“白虎两山随，凶” 《十》妇女被人迷，忤逆，二姓之家	①门前右道有二山脚伸来 ②图上前有二门，后有一厅 ③图上“患脚跟”三字，解释同上，“患”字较“主”字更直接表示为“应”之意	图上之两座门，意思不易明白，与图实情不符，疑为误刻
603 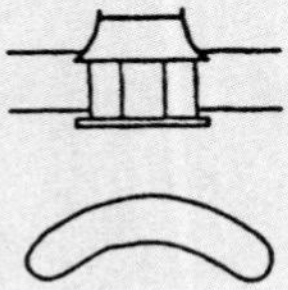	“明堂似牛轭，凶” 《十》为贼，疾病、少死	门前为一牛轭形之山丘 “牛轭”：外弯形文，两端较细	①以下各图，原图均有门房与围墙，为节省图幅，概略 ②自 603~614 为形意会为断 ③以下图形均以山丘之形释之，因《阳宅十书》中另有塘形，但理论上说应可山水通用

604		“明堂似裙头，凶” 《十》淫乱、孤独，疾病	①裙头，为女人之裙裾，故有淫乱之断 ②图像与裙头有异
605	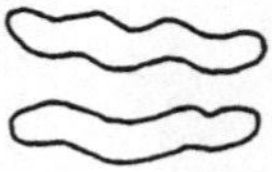	“明堂似蜒蚰，凶” 《十》云游，子孙祸	①蜒蚰为软体虫，善爬行，故为断 ②图有二虫，仅为形之暗示，不应释为必要
606	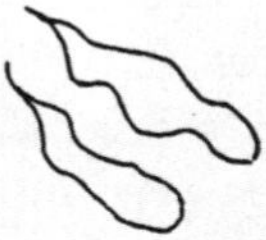	“鹅头、鸭颈在面前，凶” 《十》淫乱	①鹅、鸭之颈亦暗示男女，故为断 ②图有二颈均不确切象形，想为示意，二颈亦无必要
607	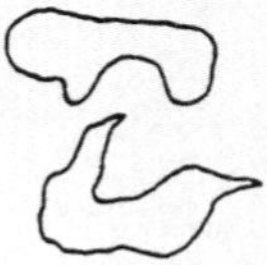	“此个山头在面前，凶” 《十》风瘫，淫欲 《阴》凶	《十书》中未指明此为何象，似可解释为男女生殖器形
608		“山如人舞在面前，凶” 《十》出疯癫，手足之灾 《阴》凶	①类人之舞姿 ②此形亦与破军形同，疑为收集不同解释之资料而得
609		“拖尸之山如此，凶” 《十》缢颈 《阴》凶	此图不分明，一尸形之山，上有一刀形之丘，与常情不合
610	 镰钩	“大城左右不朝坟，镰钩返生样为凶” 《十》孤寡，败事 《阴》凶	文意不明，疑有错字。以图形看易明，为镰状山丘面宅

611	 尖 砂	"门前此尖砂，凶" 《十》投军做贼，且有忤逆	①"砂"指小山 ②图上文字多余，可说明集书之来源甚杂	
612	 大石 小石 当门	"小石当门，凶" 《十》小口惊吓 《八》乱石当门，煞 《全》大石当门，凶 《阴》凶	①文字多余，但断文中只有小石 ②明代以后，每书均有此忌	
613	 堆 眼疾堕胎	"门前有大堆，凶" 堕胎、病、火灾，《十》	①图上有文字，与断文不完全相同 ②图上有两土堆，故断眼疾 ③断文只有堕胎，大概为仅有一堆之情形	可能为两图并合
614	 或石墩 或土堆	"面前生土堆，凶" 《十》堕胎，病患寡生灾	①图上文字说明为土或石 ②其断同上	
615	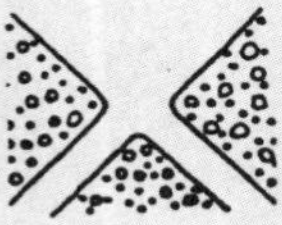	"面前凶沙" 《十》兄死弟亡	"沙"为细砂	
616	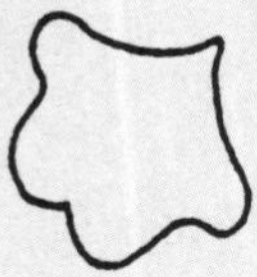	"明堂似禄存，凶" 《十》遭瘟，伤人	禄存为土星之恶者，形方而不整，左图之形不明确	以下四例为以形家之凶星轮廓为山形吉凶之断，共所断之根据亦同

617

“明堂似破军星，凶”
《十》家落外死孤寡，二姓

破军星为金形之恶者，形圆而根破，左图之形大致正确

618

“文曲明堂在面前，凶”
《十》男少女多，招郎纳婿

①文曲为波形
②原图下有蛾眉形，文中未提及，不可解。如依原断文意，此图应只有一文曲形，或为二图合一之误，即文曲形、蛾眉形均有同样之凶断

619

“明堂似廉贞，凶”
《十》脚疾、病死

①廉贞火星性凶，形似火，多尖
②此图似花瓣，显为不恰切之表示，应为多尖脚之土堆

620

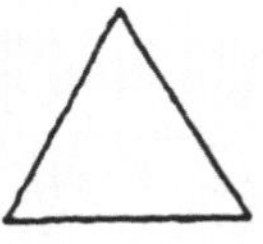

“明堂三个角，凶”
《十》家疾人薄

三角形亦为火形之一类

621

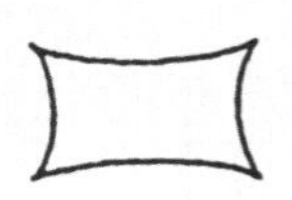

“明堂三尖井四尖，凶”
《十》淹死、眼疾、脚疾

文中有三尖与井四尖四种含义，三尖与602同意，四尖为井，此井之意不甚明显，井或为水井，或为天井。既以形为断，二者均可适用

（七）门前吉凶 ：水塘

701	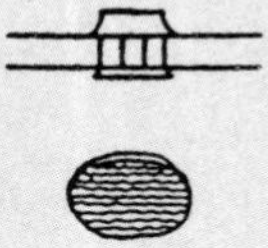	“黄泉破军有塘，凶” 《十》主小儿药水 《全》同前 《八》凶	黄泉水： 庚丁向，坤为黄泉；乙丙向，巽为黄泉；甲癸向，艮为黄泉；辛壬向，乾为黄泉；相对亦然（见《八宅明镜》）	①此一图与文不合。黄泉方不一定为门之前方 ②以下各图均为门前之忌
702		“此个明堂，凶” 《十》寡娘，堕胎	此表示明堂有一圆塘	①圆形在门前，不论为何物，均有堕胎之断 ②门前不许开塘。《十》《全》门口水坑，家破伶仃。《十》《全》故开塘不论何形均不吉
703	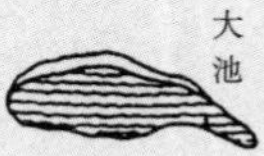 大池	“明堂此塘在面前，凶” 《十》丧祸源，寡妇多		目形水塘，为泪水之意
704		“明堂塘斜侧尖，凶” 《全》主寡母，重丧	原无图 意思与703近似	
705		“面前退神插明堂，凶” 《十》儿孙少亡，田财卖尽	“退神”之意不详，似为斜水、胎水	

706		“明堂似芒捶，凶” 《十》出寡母，少年外死	“芒捶”，或为古代捶草之工具	
707		“前门有塘似猪肚，凶” 《全》主女偷和尚	原无图 其断亦不明	
708		“此塘当面前，凶” 《十》代代痨疾	似为筑造之方形池塘	
709	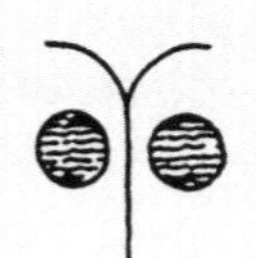	“门前两口塘，凶” 《十》为人哭泣，常病 《八》 《全》	图上之细线为何意不明，有字似“圳”，则细线可解释为土沟	门前有塘多断为哭泣，为主人早丧。一、二、三塘均然
710		“门前二塘及三塘，凶” 《十》孤子寡母 《全》	图上原有五塘，但视其断文，应为二或三塘	
711		“门前水分八字图，凶” 《十》淫，离乡，田园卖尽	水如图，但水间之屋，不解。疑为画工之误。应水在门前	
712		“前面水路及返飞行，凶” 《十》瘸跛，孤儿，乱淫，家离	水如图，但门前设厨，为不可解，疑原图刻于门前为画工之误	

编号	图	原文	说明	备注
713	逆水谷将 顺水 退神	“逆水廉贞为谷将，顺水廉贞为退神，凶” 《十》出人狡猾	斜水之两侧再有水塘，左为顺右为逆，分别为退神与谷将	退神、谷将疑为古代之“勾陈、谷将”，为“八将”之二。退神之另一解释见梁湘润著《堪舆辞典》
714		“门前玉带水，吉” 《十》荣显富贵		①此为门前仅有之吉兆 ②为风水系统理论之一部分
715		“屋后有塘，凶” 《十》换妻，官讼，多病，少亡		屋后有水亦凶
716		“前后有塘，凶” 《十》儿孙代代少亡 《全》《阴》		凶上加凶，702＋715

（八）门前吉凶：树木

编号	图	原文	说明	备注
801	 	“禄存重树在门前，凶” 《十》二房喑哑，伤残，遭瘟 《八》不宜	“禄存”为九星之一位，以门向或山向决定，为一变数，此处指“禄存”与门前二者，似有矛盾，故《八宅明镜》上仅指禄存向	①一般说来，门前有树均不宜。其断则据其形而意会之 ②801~804为指九星之方向有树时所忌，原图虽画在门前，似没有必要的关系

802		“缢颈之树藤缠，在禄存方凶” 《十》口舌遭瘟 《全》主吊缢鬼	图文仍不符 藤缠与“禄存”方向，复有门前（见图），似为三个条件。《大全》中仅指藤缠一个条件	此树仅以形象即可断，为后世所通用，其断亦以《大全》者为普通
803		“破军方位肿树头，凶” 《十》生离外死不思归	仍有三条件，一为“破军”方，肿树头，一为门前，疑为肿树头在门前或在破军方均不利	肿树头原为国人所喜爱，此处可见风水禁忌与文人间的分别
804		“黄泉、破军有藤树，凶” 《十》干连官事，奸盗	黄泉、破军均为相关方向，“黄泉”701注，“破军”为九星之一，为变数，余同上讨论	藤树之意义见802讨论
805		“妖怪之树在文曲方，凶” 《十》淫乱	“文曲”亦为九星之一，为一变数，其条件与讨论见802、803，即门前之妖怪树、文曲方之妖怪树均凶	妖怪树亦为文人所喜之变化之古树
806		“怪树肿头、肿腰在门前，凶” 《十》淫乱病、痨瘵	图所画为柳树，文中未提其忌，但视其断文，柳树显然为一因素 《全》门前垂杨凶	①以下至815，均为门前之树，以树形断吉凶 ②树形断参考803 ③其断文不同，显与柳有关，柳为文人所喜，然主淫乱

807	 “此树门前，凶” 《十》忤逆，兄弟相打	文中未提此树之特征，但视图形，似为两主支，一高一低，相互对抗	
808	 “此树在门前，凶” 《十》招募二姓居，血财尽遭瘟	文中亦未提特征，似分为一高二低之三支	
809	 “门前二等树，凶” 《十》二姓同居，孤翁寡母	二等树，同样大的两株树	
810	 “门前鬼怪树，凶” 《十》盲聋喑哑多疾，愚怪人欺	参考805、806，二树似非必要，树形古怪即构成忌断	见805注
811	 “门前空心大树，凶” 《十》凶，妇人痨病		见805注

812		“门前有此寒林，凶” 《十》瘟疾，怪物入门 《八》有深林，怪物入门	“寒林”为山水画中习用之字眼，寒有萧条之意，无人出入，故应怪物。图中有二屋，与文不合，显为受国画之暗示	805注均为风水禁忌与文人观念之区别
813		“离乡之树头向外，凶” 《十》落水徒配，身疾遭鬼		树木生长之情形亦为吉凶之兆
814		“独树两枝冲上天，凶” 《十》官事牵连		同上，为生长之形态
815		“独树无破相，凶” 《十》孤寥，换妻，无儿女 《全》独树为两姓同居		无破相之独树亦凶，可谓无不凶之树，故《阳宅大全》直截说“大树当门，凶”，不必计较是何形状
816		“竹木倒垂在水逆，凶” 《十》小儿落水，有疾灾		参考柳树之忌806
817		“门前树木枯朽，凶”，主疾病 《全》	原书无图	对枯木之禁忌亦为重生气之观念，以生长昌盛者为吉，参考805、810、811、812

818		“门前树植下大上小者，凶” 《全》足疾	原书无图	
819		“此屋若在大树下，凶” 《十》孤寡人丁，瘟疾交加	①原文不通，意为大屋下建屋，凶 ②图亦难解，两屋一为厅，一为门，乃泛指一般住屋 ③似仍指门前之树而言	
820	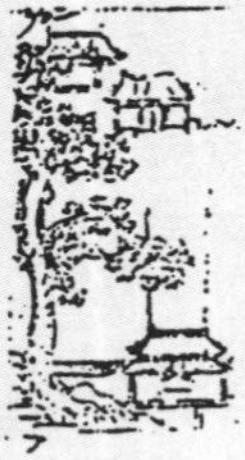	“树庙门前，凶” 《十》瘟疫，少死，官事非多	门前有庙，有树	有树亦凶，有庙亦凶 《金》神社对门，凶 《八》住屋前后有寺庙，凶
821	 孤峰如笠 独树	“独树孤峰如顶笠，凶” 《十》出僧道尼姑，更瘟疾忤逆争门	此为自门向外看到之景观，孤峰为一高山，在远处，为笠一样罩在独树之上	

（九）门前吉凶 ：道路

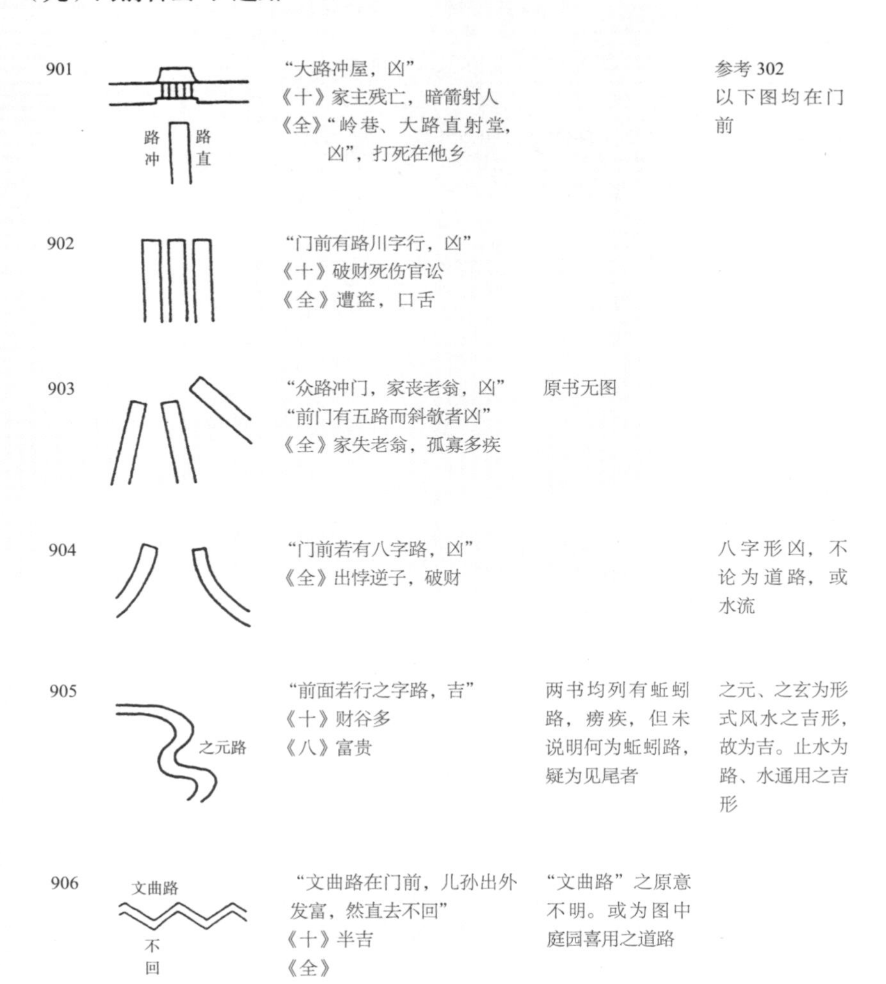

编号	说明	备注	备注
901	“大路冲屋，凶” 《十》家主残亡，暗箭射人 《全》“岭巷、大路直射堂，凶”，打死在他乡		参考 302 以下图均在门前
902	“门前有路川字行，凶” 《十》破财死伤官讼 《全》遭盗，口舌		
903	“众路冲门，家丧老翁，凶” “前门有五路而斜欹者凶” 《全》家失老翁，孤寡多疾	原书无图	
904	“门前若有八字路，凶” 《全》出悖逆子，破财		八字形凶，不论为道路，或水流
905	“前面若行之字路，吉” 《十》财谷多 《八》富贵	两书均列有蚯蚓路，痨疾，但未说明何为蚯蚓路，疑为见尾者	之元、之玄为形式风水之吉形，故为吉。止水为路、水通用之吉形
906	“文曲路在门前，儿孙出外发富，然直去不回” 《十》半吉 《全》	“文曲路”之原意不明。或为图中庭园喜用之道路	

907		"若见田塍如此，凶" 《十》自缢外死 《全》自缢外死 《阴》凶	图不甚明白，田塍应为小径之一种。现实情形中少见	
908		"此路在门前，凶" 《十》自缢 《全》自缢外亡	同上 圆圈为何不知，或为土丘	
909		"交路夹门，凶" 《十》人口不存 《全》同	无图 推断为叉路在正面的意思	
910		"门前水、路卷向前，凶" 《十》淫乱	包括水、路两者	此为风水之通例，环抱为吉，反背为凶
911		"门前有路是火字，两边有塘，凶" 《十》年少死	塘加路	参考 709 二塘为凶
912		"有三塘，而路斜敧其中者，凶" 《全》孤寡多疾	原无图	三塘亦为凶

（十）门前建筑

1001 		"停丧破屋在门前，凶" 《十》官讼，血财尽死		门前建物均凶，建物之不洁者尤凶。《全》类似者，门前有粪屋，屋主瘫痪，有空屋，牢狱灾

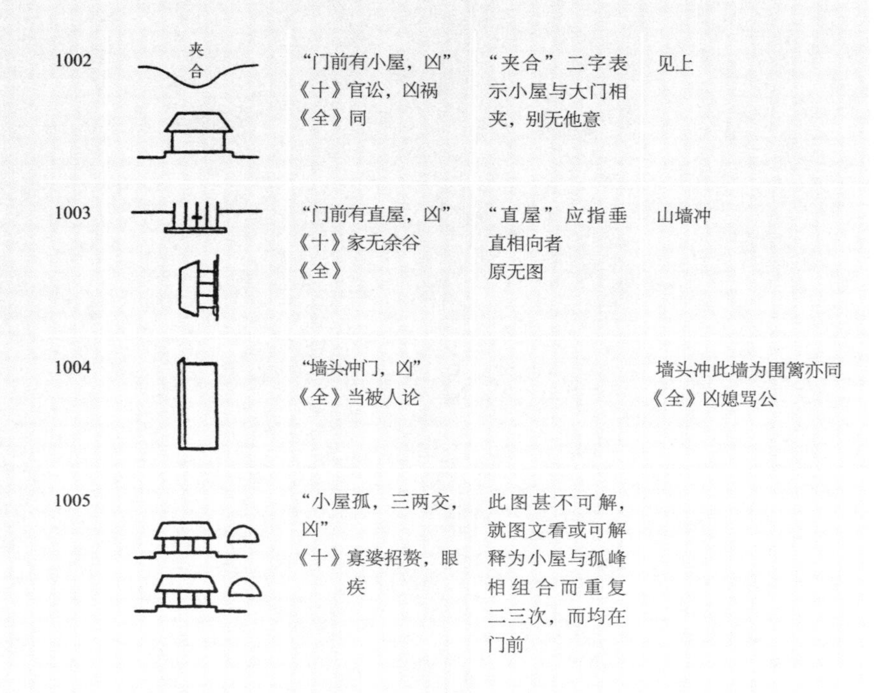

1002	夹 合	“门前有小屋，凶” 《十》官讼，凶祸 《全》同	“夹合”二字表示小屋与大门相夹，别无他意	见上
1003		“门前有直屋，凶” 《十》家无余谷 《全》	“直屋”应指垂直相向者 原无图	山墙冲
1004		“墙头冲门，凶” 《全》当被人论		墙头冲此墙为围篱亦同 《全》凶媳骂公
1005		“小屋孤，三两交，凶” 《十》寡婆招赘，眼疾	此图甚不可解，就图文看或可解释为小屋与孤峰相组合而重复二三次，而均在门前	